電源防衛戦争

電力をめぐる戦後史

田中聡

AKISHOBO

電源防衛戦争

もくじ

写真提供
31、97、177、215、309ページは朝日新聞社

敗戦の夜

序

街灯も商店街の明かりもほとんど見えず、家々の窓も暗幕でふさがれて、街は暗闇に沈んでいた。飛来する敵機に目印を与えないためだ。屋内の電灯も真下以外に光が広がらないよう周りを覆っていたから、室内も暗かった。空襲警報が鳴れば、灯火管制はいっそう厳しくなる。

この息がつまるような暗い夜は、いつ終わったのだろうか。

敗戦時の人々の体験記を見ると、玉音放送のあった八月十五日の夜と読めるものが多い。たとえば、ある手記には次のように明確に記されている。

昼の玉音放送に「戦争はすんだ」と告げられながら、半信半疑の夜を迎えて「みんな灯がついてる！」と二階からの義妹の声に私もかけ上ってみた街の灯り――、ワーッと義妹と抱き合って、二階からかけ下り、二人で玄関もお茶の間もお風呂もトイレも電灯と言う電灯はみんなつけて廻りました。暗幕を手荒くはずして窓を開け放して、ちっぽけな藤の椅子がこわれやせぬかと思うほど勢いよくどんどんと腰を下ろして、二人でアッハッハッと笑い続けました。（岸本勝代、茂原市 NETテレビ社会教養部編『八月十五日と私』社会思想社現代教養文庫、一九六五年）

灯火の覆いを外した室内の明るさや家々の窓明かりを見たときに終戦を実感したという、これに似た体験記は少なくない。もう空襲に脅えることもなくなり、灯りをつけて夜をすごせるというときの喜びや安堵感は、我々にも想像しやすい。

電灯は、たんに便利な灯火というだけでなく、平穏であるべき日常の秩序の回復を象徴していた。

二〇一一年の福島第一原発の爆発のあと、東京電力管内では節電の要請や「計画停電」が行われたが、暗くなった街に、我々も緊急事態だという実感をより強くしたものだった。ところが、いつしか街の明るさが元に戻っていくにつれ、原発事故は収束しないままに、日常性が回復していった。危機の源が発電所で、その危機がなお続いていてさえ、電気がふつうに使えることが安心感を与えたのである。

電気が「文化生活」の基礎であるとは、大正時代から言われてきた電力会社の宣伝文句だった。暗闇がカオスを象徴するのと対をなして、電灯は現代文明がそれを克服している証だった。電力がスイッチ一つでオン・オフできるなどコントロールしやすいエネルギーであることも、その印象を強めた。

一方で電化の普及は、そのようなコントロールの容易さを秩序観として意識に組み込んできた。遠隔操作や自動制御の便利さを社会的な価値として追求し、それが事故などで機能しなくなると社会秩序までも壊れたかのように思う、つまりコントロールできるのが秩序ある世界だと考えるような社会観は、電力なくしては生まれなかっただろう。電力が、たんに便利なエネルギーであるだけでなく、そのような秩序観にかかわる一面を持っていることは、電力事業のあり方を考えるうえでも見落とすわけにはいかない。

本書では、戦後の九電力会社の成立から最初の原子力発電所の導入まで、つまり今日の電力供給体制の基礎が確立した時代を、それに付随して起こったスキャンダラスな出来事に注目しながらたどっていきたい。その課程には、電力事業はいかなるシステムで経営されるべきかというビジョンの衝突とともに、占領軍との対決があり、利権の争奪戦があり、官・民のパワーバランスをめぐる争いがあり、イデオロギーの闘いがあった。日本はいかにあるべきか、我々はいかに生きるべきかを問う衝突でさえあった。そうした衝突が暴力にまで高まったのが「電源防衛戦争」である。

今日に続く電力供給の体制は、さまざまな勢力がせめぎあうなかで作り上げられた。それはそのまま、日本の戦後史でもある。結論めいたことを単純に言えば、冷戦の緊張の強まるなかで「五五年体制」という「安定」した政治・経済のシステムが形成されるまでの課程と、原子力発電導入にいたる電力供給体制の形成とは一体だった。政治的「安定」にいたるプロセスにさまざまな役割を果たしながら、そのことによって電力みずからの体制も作られていったのである。そのことは、企業史やエネルギー政策史には記されないようなスキャンダラスな出来事や怪しい噂に目を向けることで、より見えやすくなる。諸領域にわたる相互作用がうかがえるからである。したがって本書は、電力事業史というより、電力事業を焦点とした戦後社会史のようなものになるだろう。

有難き御沙汰による灯火の復活

さて、いま一度、敗戦時の灯火管制の覆いが外されたときに戻りたい。八月十五日に覆いを外したように読める体験記が多くあるが、灯火管制が解除されたのは、その五日後の二十日のことだった。

実際、東京では、内田百閒の戦中日記『東京焼盡《とうきょうしょうじん》』によれば、十五日の夕方、当時の家主であった松木男爵から、陸軍に盲動の兆しがあり、もしこちらの戦闘機が出撃すれば向こうもまた大いにやってくるに違いないので、警報が鳴ったらやはり防空壕に入るようにと言われている。そして日中のことだが、十六、十七、十八日に、一、二機ながら米軍機が飛来して空襲警報が出されたことが記されている。また鎌倉に住んでいた作家、大佛次郎の日記には十六日に「依然敵数機入り来たり。高射砲鳴る」とある（『終戦日記』）。高射砲で迎撃したわけではないだろうが、とにかく、まだ安心できる状態とは言えなかったのである。

灯火管制の解除は、実施の前日、十九日に閣議決定された。

二十日の『毎日新聞』は「民心朗化に御叡慮　灯管、信書検閲など中止」という見出しをつけて、その経緯を伝えている。

「政府は十九日午後二時から首相官邸で臨時閣議を開催」したが、閣議の最初に東久邇宮《ひがしくにのみや》首相が、その日に天皇から賜ったという言葉を紹介した。

「戦争終結後の国民生活を明朗ならしめよ、例へば灯火管制を直ちに中止し街を明るくし娯楽機関の復興を急ぎ、また信書などの検閲を速かに停止せよ」

「この有難き御沙汰を賜った」と首相が述べると、「閣議はこの有難き聖旨《せいひ》に副ひ奉るべく直ちにこれらの事項を決定、実施することとなり同四時散会した」という。

灯火管制は必要なくなれば廃止されて当然であり、天皇の権威をもって命じなくては受け容れられないようなことではない。報道としては、ただ廃止されたと伝えるだけでも充分だろう。だが他の新聞でも、それが天皇の「有難き御沙汰」によって廃止されたという経緯とともに伝えられている。いま引用した『毎日新聞』はそれどころか、さらに次のような主張

序

まで加えている。

大きな悲愁のなかに閉された民草の上を思はせられる陛下の限りなき大慈悲、われらはこの畏《かしこ》き大御心を拝して誰か恐懼《きょうく》感激しないものがあらうか。

感激して当然だというのだが、感激するだけではまだ駄目だった。

われらはこの畏き大御心に酔つてはならない、かくも宏大無辺にわたらせられる聖慮をいま一度心の奥底深く刻み、ますます大君の大御心を体して明朗に勇気を振つてこの千辛万苦の道を突き進んで行かねばならぬ、この宏遠なる大御心にわれとわが身を鞭打ち、いよいよ勇往邁進、黙々民一億の誠を捧げて行かう。

このような記事を見ると、アメリカ政府が日本占領にあたって天皇を利用すべきだと判断していたのは当然だったと思う。

それはさておき、灯火管制が解除されたとき、多くの人々はとうに自主的に灯火の覆いなどは外していたとすれば、「有難き御沙汰」と言われても、いささか遅ればせではなかったかという気もする。だが街灯や商店のショーウィンドウなど屋外の灯りはまだつけられていなかった。管制解除された二十日夜には、関東尾津組が新宿駅東口を占拠して「竜宮マーケット」と称する広大なヤミ市を開き、「光は新宿マーケット街より」というキャッチフレーズを記した横断幕を掲げた。屋台を並べて夜に営業するには灯火管制の解除が必要だったはずだ。天皇の「御沙汰」に応じた、いち早い動きだったと言えるかもしれない。焼け跡の夜に人々の活気が戻り始める。

二十二日の『福島民友新聞』には、灯火管制が解除された後の街の様子を伝える貴重なレポートが掲載されている。少し長いが全文を引用する。

新しい日本の誕生である。民族に課せられた大試練を一つの誕生への陣痛としていま甘受しようとする青年日本の、これが姿なのだ。二十日ごろから町に村に明るい灯の色が見えたが、昨二十一日の夜は一斉に遮蔽をはずした灯の色に生き生きとした県内各市町村である——畏くも厚い大御心を賜はり、この灯の色はまた人々の心の灯ともなつた。暗さは吹き飛ばさう。何んの、苦難ぞや。昨日の街頭に見る人々の表情は明らかにさう語ってゐた。今後百年の計を樹立しやうとする人々はいまはつきりとそのゆくてを見定め覚悟をきめて心の余裕が生じたためかもしれない——

序

だから昨日の福島市の表情は高い夏の空の下で生き生きとしてゐた。休舘していた映画館も清掃を終へて開館の準備が出来たし、何んとパチンコ屋が、店を開いたのだ。場所は置賜街。二十日は午後から一寸店開きしたが、流石に市民もこの気の早さといふか、敵を呑んだ仕打ちには、アッと驚いた様だ。最初は店に入る者もオズ〳〵だつたが、やがて――これから出勤といふ形の青年が狙ひを定めてゐたが、〝こん畜生!〟とパチン。若い魂は相手として誰の顔を思ひ浮べてゐたのか。〝よし、今度は俺だ〟――久し振りのこの遊戯に見物もだん〳〵多くなつてきた。〝俺もやつてみやうかな〟といふ様な顔がだいぶ見えた。――日暮れ近くなると、市内を走る電車の窓も昨日よりかは明るい様な感じがする。そしてやがて乱雑な疎開跡もとつぷりと暮れた夕闇の中に没し、家々の灯の何んと明るかつたことか。松齢橋の四つ角にも電灯が一つ灯つた。折柄十五夜近い月だつたが、月光と灯の中から出てくる人々ははつきりと事態を認識した強靭さを持つてゐた。誰も愚痴を言はないのだ。明日からの生活にしつかりと目標を持つた強さは、降伏の持つ暗さをみじんも感じさせなかつた。(『福島市資料叢書　第四九輯　新聞資料集　昭和の福島VI』より。句読点は改変した)

メッセージ性の勝った記事で、人々の心持ちについては、かくあれという希望を書いているように思う。二十日の夜になってようやく家々の灯が漏れだしたかのような記述も、少し怪しんでいいかもしれない。しかし、玉音放送を聞いてさっさと暗幕を外した人はじつは多くなかったのかもしれないし、地域差もあっただろう。パチンコ屋にためらいがちに足を踏み入れていく人々、怒りをぶつけるようにレバーをはじく若者、そして夕暮れに橋のたもとに一つ灯った街灯など、ほんの少し日常が戻ってきた街の空気を、この記事はよく伝えている。

このような記事を読むと、灯火管制の解除という区切りをつけることは、たしかに必要だったのだろうと思える。

『東京朝日新聞』二十二日の記事も、「畏き大御心を体して」灯火管制が解除された夜、「闇にこもっていた帝都」に三年八か月ぶりに灯火が見られたことを、「尊い御仁慈の下に点ぜられたこの灯こそ再建日本を目指して、涙を拭ひながらも焦土に起上った民草の心の底にひそむ一筋の光明」と記している。

灯火管制の解除は、たんなる法的な手続きとして行われたのではなかった。天皇の「有難き御沙汰」によって灯火が復活し、国民生活が明朗になるという物語によって、時間を区切って先へ進ませようとしたのである。明るい光と娯楽のある世界への幕が、天皇の「大御心」によって開かれるのだ。

序

新聞記事が管制解除をいちいち天皇の御沙汰によると語ることには、そのような意味がこめられているのだろう。それはアマテラスの天の岩戸開きを連想させたにちがいない。昭和二十一年に刊行された国文学者、澤瀉久孝《おもだかひさたか》の『玄米の味――日本的感覚への思慕』（新日本図書）という本の序文「清く明く」という文章（昭和二十年九月三日の『中部日本新聞』に掲載されたものという）は、次のように結ばれている。

「街を明るくせよ」と仰せ給うた大御言葉を、十九日夜九時の放送で漏れ承った時、わたくしは思はず合掌した。天の岩戸をさし出づる日の御神のみ光を、このうつし世に仰ぐかと思はれるこの大御言葉を奉戴して、清く明く直き心を振ひ起さずして、いつ皇国の大使命を達成することが出来ようぞ。

戦時中に日本精神を説いてやまなかった万葉集研究者の文章ではあるが、このような連想をすることじたいは、当時の人たちにはふつうのことだっただろう。

だからこそ新聞は、灯火管制解除を「有り難き御沙汰」と強調したのだ。それは、誰もが「恐懼感激」するほど、国民に強い印象を与えるはずのことだった。ポツダム宣言受諾の「御聖断」や、マッカーサーに自分が全責任を負うと告げて感激させたという逸話のように、神話化されてしかるべき物語だった。

しかし、この物語は、神話にはならなかった。敗戦は「米軍による解放」という神話になり、開明的な光や娯楽はもっぱらアメリカからやってくるものとなったのである。

一

日発総裁、殺人未遂で訴えられる

日本発送電株式会社（日発）の総裁である大西英一、前総裁の新井章治らが、恐喝、殺人未遂などで告訴されている。それにもかかわらず、捜査がいっこうに行われていない。それはなぜか？

これは、一九五〇年四月十八日の国会法務委員会で猪俣浩三《いのまたこうぞう》衆議院議員が、法務総裁にした質問である。

日発は、全国の発電・送電事業をただ一社で独占していた、当時の日本最大の企業だ。その総裁、大西英一は、一九四二年に日発に入社し、四七年から総裁となっていた。新井章治は、元東京電燈社長で一九四三年に日発総裁となったが、四七年に公職追放された。五〇年に追放解除され、五二年には熾烈な争いのすえ東京電力会長となるも、就任から二か月足らずで病没することになる。

日本最大企業の総裁と前総裁が、殺人未遂で訴えられたのだ。しかも、このとき国会で語られたのは、大スキャンダルとして世間で騒がれても当然と思われるような内容だった。

質問をした猪俣浩三は社会党左派に属し、一九四七年に衆議院選挙に新潟から出馬し当選、通算八期にわたって議員を務め、アメリカ占領軍の特務機関がプロレタリア作家の鹿地亘《かじわたる》を拉致監禁した事件や造船疑獄などを追及したことで知られている。

大西総裁らを告訴していたのは、日本水力工業株式会社の社長、加藤金次郎。「幼少より水に親しみ、水に生き、水に交わり、水を愛し、水を究め、水と終始して社会に寄与した貢献は枚挙に遑《いとま》なき程である」（日本水力工業株式会社編刊『死網の中に十字架』一九五二年）と記されるほど、水利・治水工事にたけた土木事業家だった。あまり知られていない人物なので、自伝や評伝をもとに、まずはこの人のことを少し紹介しておこう。

水の芸術家

加藤金次郎は、一八八四年、富山県滑川《なめりかわ》町に生まれた。土木請負業を営む父のもとで十歳頃から現場で仕事を覚え、十五歳のとき、どのような工法で護岸しても激しい高波に壊されてしまうという滑川海岸の工事を、「囲石枠工法」を案出して成功させる。柱状にした石を松材の枠で締め、中にセメントを流し込むという方法で、激しい波にも耐えた。現場では子供あつかいされがちだったが、このように困難な状況を打開するアイデアによって実力を認められていったようだ。

一九〇七年、独立して加藤組を創設。河川の水防や復旧工事、鉄道の敷設、学校や工場の建設、架橋工事などを多く行うが、請負仕事だけでなく、みずから都市計画的な発想による大きな構想を描いた。たとえば富山県の中央部を流れる神通川を付け替え、船が富山駅裏まで入れるようにして海運と鉄道とを直結し、旧河川の埋立地を広大な工場地帯にするという計画を立てている。内務省の許可が得られず、この計画は実現しなかったが、それなら鉄道を海岸までつなごうと、富山駅と岩瀬海岸とを結ぶ鉄道を敷設し、岩瀬港を築いて、新たな物流ルートを作り上げている。この鉄道は、後にJR富山港線となり、現在は路面電車の路線となって、なお重要なインフラとして生きている。

このほかには、一九四二年、また五四年に琵琶湖干拓計画に奔走し、多方面に働きかけている。実際に行われた干拓とは違う大構想だったらしく、後に「政府の愚劣、消極的な琵琶湖干拓計画は後年悔を残すから中止すべきだ」(『人道』一九五九年四月号)と主張している。

加藤が実際に行った工事は、福島県の阿賀川水系や大川水系に水力発電所を建設したり、北海道で干拓事業を行ったりするなど広範囲におよび、やがて樺太、台湾、朝鮮でも事業を展開するようになった。

朝鮮では、巨大ダム建設によって発電や干拓を行い、また築港して、農場や工場地帯、市街地を創成するという大計画を立てた。総督府や朝鮮拓殖銀行の応援を得て実現しそうだったが、利権の争奪などがあって頓挫したという。それでも干拓事業などを手がけ、みずからも農場を経営した。

こうして加藤組は三十数カ所の支店、出張所を設けるまでに成長した。植民地での経営の有利さがあってのことだろうが、加藤の構想力と発明の才もまた発展を支えていたらしい。水利工事を「水の芸術」と呼ぶ加藤は、「加藤式伸縮自在堰堤方式」の特許を欧米七カ国で取得し、また「逆水連環工法」を独創して施工したという。加藤によれば、伸縮自在堰堤方式は後にイギリスのテムズ川でも応用されたという。戦後の一九四六年には「財団法人エジソン会」を設立し、翌年には「日本発明協会」代表として日本学術院会員に推挙されたという。その実状はよくわからない。

奪われた発電所

さて法務委員会で猪俣議員がとりあげたのは、この加藤金次郎が一九二三年に創業した日本拓業株式会社――後に日本水力工業株式会社と改名――によって築造された大牧発電所をめぐる事件であった。

大牧発電所は、加藤が私財をなげうって富山県西部を流れる庄川に建設したものである。一九三七年から工事を始めたが、完成したのは太平洋戦争まっただなかの一九四三年。その頃には、電力事業はすべて国家の統制のもとに置かれていた。官僚の強引な押し切りによって、電力事業は一九三九年、四二年の二次にわたって国家管理へ移され、全国の発送電事業は日本発送電株式会社つまり日発一社に、配電事業は地域ごとにブロック分けした配電会社九社に統合されていたのである。

大牧発電所も、完成するやすぐに日発に引き渡すよう要求された。

だが加藤は抵抗した。「戦時中人なく、資材なく、殊に作業用電力も得られず全く原始的作業により血と汗の結晶をもって建設した」（『人道』一九五九年四月号）発電所を、完成した途端に譲れと命じられても、とても呑めなかったのである。

しかし抵抗できる時代ではなかった。国会で猪俣は次のように説明している。

「加籐社長以下がほとんど私財を売り尽して注ぎ込みまして、その当時すら電力局長が一億円なりと評価せられましたるこの一大発電所」が、「電力局長の依命通牒、また当時軍需大臣でありました東條英機の指令、さようなもので、当時の日発の土木部長であり、現在の日発の総裁である大西英一その他によって、この発電所を日発に吸収すべきことを執拗に勧告せられた。これを拒否しておりまするところ、彼は反軍論者なりと認定いたしまして、憲兵の尾行までもつかれるように相なり、とにかく当時の軍需大臣東條英機が一大訓令のようなものを出しまして、むりやりに日発に占拠させるに至らしめてしまった。爾来この日本水力工業株式会社というものは全財産が大牧発電所であったのをとられてしまいまして、ほとんど会社は有名無実になり、今日に至るまで一銭の補償も受けておらぬような状態であります」

敗戦後、加藤金次郎は朝鮮にあった加藤農場などの資産は「それぞれの国のもの」だからと、大蔵省への在外資産申告をしなかったという。加藤組も解散した。しかし大牧発電所については、執拗に返却を求めた。理不尽に奪われたものだったからだろうか。

加藤によれば、東京の内幸町のビルの一室にあった日本水力工業の本社に、日発の一社員が数名の憲兵をともなってきて、譲渡契約書に署名、捺印するよう強要したという。「総裁の委任状はあるか」と尋ねると、「委任状の代わりに憲兵を連れてきた」と答えたので、逃げれば非国民として投獄されるだろうと、恐怖のあまり失神しそうになりながら、書類の内容も見ずに署名、捺印したという（『人道』一九五九年四月号）。

もちろん、それ以前に交渉が行われており、それが決着しそうになかったがゆえの強要ではあった。その交渉の仕方がおよそ紳士的なものではなかったからこそ、加藤はこのとき失神しそうになるほどの恐怖を感じたのである。

猪俣によれば、この件については「すでに膨大な請願書が衆議院で受理され」ていた。それで政府はなにか措置を講じたのかと、猪俣は殖田《うえだ》俊吉《しゅんきち》法務総裁に問う。

殖田は「このようなことは他でもあったのではないかと思う」と述べたうえで、民事裁判で解決すべき問題だと応ずる。

それに対して猪俣は、大牧発電所からは七年間にわたって電力が売られながら、奪われた側は一銭の補償も受けることなく財産を没収された形になっているのであり、「かかる戦争の無残なるところの被害者」を政府が放っておいていいのかと、なお政府による対策を求める。

しかし殖田は「かつての政府はそれを合法的なこととして行ったのであろうし、行き過ぎがあったとしても、今日の考えでそれを原状に復すということも難しい」と言い、「今日の政府は、当時のことには携わっていないから、責任を回避するようだが、やはり民事の裁判で解決するのが賢明だろう」と主張する。戦時中の政府のやったことには戦後の政府は関係なく責任もないと言いたいようだ。

これに猪俣は「戦時中の被害をなるべくフェアに解決することが、現政府のとるべき態度であろうと考えるが、どうもそのような問題について政府には熱意が足りないのではないか」と批判し、大牧発電所の接収がいかなる暴力をともなって行われたかを語る。

それが、日発総裁の大西英一らを恐喝、殺人未遂で加藤が告訴していた事件である。

「これは東京の地方検察庁へ正式に告訴状が提出せられておるのであります。その事案は法務総裁はお聞きとりかどうか存じませんが、とにかくただいま申しました大牧発電所を日発に吸収すべく非常なる恐喝が行われた。その先鋒に立ちました者が時の土木部長であり、現総裁である大西であるということから、この大西総裁を相手にいたしまして恐喝で告訴をしておる。

なお進みまして、この加藤金次郎氏が日発に吸収されることを拒絶いたしておりまする当時、この大牧発電所の現場から下山をいたそうと思いまして、自動車に乗った。その右側は川の断崖であり、いつも左側を徐行すべきところの自動車が、どうしたものかその日に限って右側を徐行するとともに、突如として運転手が運転台から自分一人飛び降りて、自動車をそのまま崖へ転落させた。幸いにして頭を打たなかったために、一命は助かりましたけれども、右上膊を骨折いたしまして、現在に至っても右腕は不具であります。

この運転手なるものをお調べくださると、当時の日発の悪辣なるところの――これはあるいは軍部のさしずかもしれぬが、悪辣なるところのやり方の一端が現われて来るのであって、その自動車の運転手も現在富山県に現存しておる。

なおまた奇怪なることは、それを目撃いたしておりました付近の百姓の一人に、その現場、田であったものを全部畑に直し、その道の曲りくねりから道の地形を全部変更さしたという事件があるのであります。これも何人に頼まれてさような行動をしたものであるかということをお調べいただくと、事の事実がある程度発覚するということを告訴人は確言いたしておるのでありまするが、それもその人名、住所全部告訴状に書いてあるにかかわらず、足かけ三年にまたがった今日に至るまで何らの捜査をなさっておらぬということに対しまして、告訴人は非常な不満を持っておるのであります」

運転手が飛び降りて自動車を崖から転落させ殺害をはかったり、その痕跡を消すために地形を変えてしまったりと、まるでサスペンス映画のようだ。

行われない捜査

しかも猪俣によれば、この件の告訴状が出されてから、東京の検察庁では「七人も八人もぐるぐると検事ばかりかえてしまって、いまだに何らの捜査をしておらぬ」という現状なのだという。

いったいどういう事情があって捜査しないのか？　それとも実は捜査したのか？

問われた殖田は、捜査はしているのだが、示談の意志があるようだったので経過を待っていたのだと説明する。その示談交渉が打ち切りになったので、最終的な処理を近いうちにしなくてはならないと考えている。ただ民事の訴訟もあるのでそちらと見合いながら捜査しているのであって、けっして無為に手をつかねているわけではない。近くなんらかの決定を見るはずである、というのが殖田の答えだった。

しかし猪俣は納得しない。告訴されているのは大西総裁、新井元総裁のほか、建設省の官吏、車を転覆させた運転手の四人だが、この官吏や運転手については調べたのか？

殖田の答えは驚くべきものだった。

「まだ直接捜査はしておらぬそうであります。尋問しておらぬそうでありまして、中心人物についてまずきめて行きたいという態度であるそうであります」

この答弁に猪俣は、「はなはだ捜査方法としては私は奇怪に思うのであります」と疑問をぶつける。捜査の常識からすれば、中心人物が誰であれ、まず周辺から調べていくのが当然ではないか。自動車を転覆させた運転手についても地形を変えた百姓についても住所氏名がわかっているのに、それさえ調べていないとは、真剣に捜査する意志がないのではないか。少なくとも告訴人がそう疑うのは当然だろう。しかも「電力局長から発送電に対しまして出した通牒だか訓令によると、とにかく東京検察庁に対して何万円で手を打つことができるか、そういうことを交渉するように検事に頼んでくれろという電力局長の通牒が出ておった。これもはなはだ私ども奇怪である」と、猪俣は捜査がされていない背景にさらなる疑惑の可能性を示唆する。実際、検察庁では、加藤や大西を呼び出しても、事件に関する聞き取りはせず、いくらで手打ちできるかという金銭の話ばかりだったという。また、検事の態度も、「告訴人の言をかりると」ではあるが、大西総裁に対しては「殿様扱い」をし、「かえって告訴人に圧迫がましい態度で出ている」という。

「そこで検事のかような心構えに対しまして、法務総裁はどういうわけでかような捜査の常道を逸したところの態度をとっておるか、どうして事案それ自体を調査もせずして、ただ頭から何ぼで手を打つかということばかり検事がやったのであるか、事の真実につきまして、もし聴取になった事情がありましたならばお聞かせ願いたいと思うのであります」

これに対する殖田の答弁は、「私も実はその詳細なことは存じませんが、事案がとにかく経

済問題でありまするから、経済問題の解決ができれば、それから解決をしてやった方かいいと考えたのだろうと思います」と曖昧に逃げたものだった。この事案は明らかに経済問題などではないはずであり、殖田自身がこの事件を経済問題に矮小化したがっていることがわかる。

「相当な検事がそれを心配しておるのでありますから、ただたいへん遅れておりまして申訳がないのでありまするが、そんなに間違ったことをせずに、ちゃんとこれからりっぱにやって行くことと考えます。今後一層注意をいたすことにいたします。どうぞひとつ……」

これが、この件についての殖田の締めくくりだった。「どうぞひとつ……」という言葉で答弁を終えるのには驚かされるが、これを受けた猪俣は「告訴人加藤金次郎氏はただの一ぺんも金銭で解決しようということは言ったことはない。現在に至るまで自分の心血を注いでつくった現物を返してもらいたいというのが、終始一貫たる熱情」であるとして、「その恨みは察するに余りあると思うのでありまして、かような人たちに対しましても、もっと政府といたしましても、懇切丁寧にこの善後策を講じてやるべきじゃないか」と、すみやかに真相を究明するように配慮してほしいと訴えて、穏やかにこの件の質疑を終えた。

サスペンス映画のような事件ながら、国会の質疑はいたってソフトな幕切れだった。そして国会では、その後の捜査がどうなったのかを追及するような質疑が行われることはもうなかった。

大西総裁の答弁

大西英一総裁は、この年の九月九日に総裁を辞任するが、その直後の新聞に、日発が政治家に巨額の献金をしたという疑惑が報道される。その件については次章で記すが、十月三十一日の考査特別委員会で証人として大西総裁が喚問されたさい、内藤隆議員が加藤の大牧発電所問題について質問している。猪俣による質疑の後で唯一の国会での動きである。

内藤は、大西に尋ねた。

日発が大牧発電所を強奪したというのは本当か?

大西の言い分は、当然ながら加藤の主張とは違った。大西が言うには、電力国家管理法に基づいて「政府から慫慂《しょうよう》されまして、譲渡契約をして発送電へ出資を受けた」のであり、そのさいに「実際かかつた費用、真実適正な費用によって譲渡せよ」という勧告を受けていた

１９４４年に運用開始した関西電力大牧発電所。戦後も加藤に返されることはなかった。写真は１９６３年

ので、費用の査定を話し合ったが、値段の折り合いがつかないままに、支払いが延び延びになってしまったのだという。そして敗戦後に、加藤から発電所を返してくれという要求があった。

「しかし現在の状態において財政は苦しいのだからぜひ私の方に譲っていただきたいということで今日までやつて参りました。この問題につきましては検察当局も私どもを呼んでいろいろ御質問もございましたし、いろいろそういう事情はございますが、今私の方ではとうてい対等に話をしては話はきまらないのだということで、私の方から価格の設定と登記の申請を、今裁判をこちらから起して、法律によって解決して行こう、こういうことでやっておるわけであります」

大西の説明を聞くと、加藤は話し合っても埒のあかない論外な相手という印象である。発電所を日発が無償で使用してきたことを問われても、こちらが払おうとしても受け取らない加藤に非があるのだとする。受け取らないから七年間も支払いが延び延びになった。前総裁の新井は、供託すると喧嘩になるからと供託はしなかったので、自分もその趣旨を引き継いで、円満に話をつけようとしているのだという。そう言いながら訴訟し返しているのだから、言葉とやっていることとは一致していないようだ。

このときの質問では、恐喝や殺人未遂の件には触れていない。加藤は大西らを糾弾するパンフレットを配布していたというが、その内容があまりに激越すぎて信用されなかった可能性も高い。内藤は最初に、そのパンフレットの内容をすべて信じているわけではないが、と前置きしてから質疑に入っている。この質疑は、まるで大西に反論の機会を与えただけのようにも見える。だが大西の答えは、加藤に対して結局は権柄づくにふるまっていたのではないかと感じさせるものでもある。大西は加藤のことを対等に交渉しても話にならない人物のように言うのだが、反対側から見れば大西も、官僚的でとりつく島もないような、交渉の余地のない相手だったのではなかろうか。

加藤には、一九三六年に富山県の神通川にかかる富山大橋が架け替えられたさい、下部工事を安価で落札して請け負ってから、橋脚数を増やしたり橋桁を強化したりする設計変更を県に願い出たというエピソードがある。この橋の近くに歩兵第六九連隊があったことから、「非常時に連隊が出動する上で重要な橋であるにも関わらず、原案ではその強度や将来装備されるであろう大型兵器への配慮が足りない」と考えてのことで、設計変更による超過分の費用は加藤が負担した（富山市郷土博物館「博物館だより」49号　二〇一三年二月二十八日）。

原案の設計に不満があったからこそ、安く入札して自分の仕事にし、設計変更したのだという。国士的な振る舞いと見えるが、弱い橋など許せないという思いもあったのかもしれない。このような逸話から受ける印象では、加藤は金額のつりあげを目的にごねるような人物ではなかったように見える。そもそも加藤が主張する発電所の金額は相手の主張とは桁違いであり、金額で妥協する気もなかったようだ。条件闘争のようで、そうなっていない。自伝を読むと、加藤には、自分を見下すような態度を取った相手には容赦せず、いったんヘソを曲げたらとことん意地を張り通す意固地さがあったようである。大牧発電所を返せと訴えつづけたのも、そうした意地があったのかもしれない。

日発の撃水隊長

四月の法務委員会で加藤金次郎の件について質問した猪俣浩三議員は、そのとき続けて、中国人俘虜虐殺事件についても質疑していた。戦時中、日発の木曽川水系の御嶽水力発電所建設工事に、中国人の捕虜千五百名が使役されていたが、そのうちの千人ほどが行方不明となっている。殺されたらしいという。日々に虐殺が横行していたというのである。

殖田法務総裁はこれに対して、同じような事件は秋田県の花岡でもあったし、また千島でもあったと聞いているから、木曽川の事件もあったのだろうと思うと応じ、ただ証拠が少なく、担当機関もないため調査が難しいと説明している。

戦時中には、全国の百三十五カ所の炭鉱や港湾、工事現場などで強制連行された中国人四万人が働かされていたと、一九四六年に外務省が作成した報告書に報告されている（杉原達『中国人強制連行』岩波新書、二〇〇二年）。ただ、その実態については、一九四五年に花岡鉱山での大量虐殺が発覚しGHQによって鹿島組の責任者七人が秋田刑務所に送られると、ほかの現場での事件が発覚しないよう土建業者らが対策を講じたため、判然としなくなっていた。ここで問われている木曽川水系の工事についても徹底的に証拠が隠滅され、調査の妨害も行われた。その隠蔽工作については、朝倉喬二「木曽谷隧道《すいどう》——隠され続けた俘虜殺戮」（平岡正明編著『中国人は日本で何をされたか』潮出版社、一九七三年）に紹介されており、調査した人々の証言の他、日本建設工業会の華鮮労務対策委員会の活動日誌にも記録が残されている。また建設工事の拠点となった村には、日発、その後は関西電力から寄付金が寄せられ、さらに導水路や送電線などが課税対象となったことで、疲弊していた村財政の「起死回生」の財源になったという。そうしたことから、事実を語る証言はおのずから限られていた。

朝倉喬二のレポートによれば、木曽谷の工事は軍需省の「戦力増強工事」の指定を受けたものだったので、日発の建設所長は、軍需省から「『撃水隊長』なる称号（?）を冠され、将官と同等の待遇と権限を持っていた」という。そして日発と営林署の間に立って、森林鉄道に機関車、台車、および修理部品を無償で提供したり、法外な森林鉄道使用料を支払ったりといった不正な行いの噂があったという。見返りを前提とした「なれあい」である。そこには「戦時は軍―政府―企業が一体化して、戦後にかけては、政府―企業―地元のボス的支配者が、おたがいの利害を木曽谷に賭けてきた姿」があった。その後、木曽川水系に強制連行された中国人は千七百十六人、うち少なくとも二百四十名余の犠牲者のあったことが判明している。

このような木曽谷での実態は、当時は知られていなかった。猪俣は、日本政府みずからが熱意をもって実情を調査することが日華親善のためにも重要ではないかと主張したうえで、「この当時の雰囲気は法務総裁自身が御経験なされておるごとく、今日から考えると、荒唐無稽とも思われるようなことがはなはだひんぴんとして起って」いたことや、「日発会社の社員なり重役なりが軍部、官僚を背景にいたしまして、実に相当なる暴力を振っておったこと」を思えば、安易にデマとは言えないと述べる。そして改めて加藤金次郎の殺人未遂の一件に触れ、「今から考えると、荒唐無稽のような御感想があるかも存じません。あるいは検察庁もそのようなおつもりでこれを足かけ三年もうやむやになさっておるのかもしれませんけれども、当時のこういう事情から推察いたしますならば、あり得ることであるという観念のもとに、とにかく手を尽して捜査していただくということを最後にお願い申し上げまして、私の質問を終りたいと思います」と、発言を締めくくった。

猪俣がこの質問をしたのは、日発を今後どうするかという電力事業の再編成問題が激しい議論になっていたさなかのことだった。これからの電力産業をどのような体制にするかをめぐって、日発を温存したいという人たちと分割したいという人たちとがぶつかりあっていた。巨大な利権の争奪戦である。その争いのただなかで、これまで日発がどれほど暴力性をはらんだ存在であったかなどということは、まるで問題にされていなかった。大牧発電所の強奪や中国人捕虜殺害について、同じようなことが他でもあったと法務総裁に言わせたことは、その無視されていた部分に光をあてた画期的なことだったかもしれない。だが注目はされなかったようだ。触れて欲しくない人々が大勢おり、周到な隠蔽工作が行われていたということもあろうが、大きなパイを奪い合っているときに、そのパイがどのように作られたものかなどということは、どうでもよかったのだろう。再編問題の熱い議論のあいまに挟まった異物でしかなかった。戦争中の理不尽は誰もが体験したことであり、現在の政府が関知するところではない。悪い時代の出来事、過去のことだ。いまさら問題にしても詮ないことと聞き流されてしまったように見える。

だが加藤金次郎は諦めなかった。いよいよ孤独な闘いに挑む、いや落ち込んでいくのである。その次第は、再編成問題について記した後で、改めて見ることにしたい。

二

スキャンダラスな風景

——電力事業再編成の攻防

日発疑獄とＦＢＩ

加藤金次郎から殺人未遂で告訴されていた日発の大西英一総裁は、一九五〇年九月九日、副総裁の櫻井督三とともに更迭された。

理由は公表されなかった。

その直後、日発の贈賄疑惑を伝える記事が新聞紙面に踊る。日発が四億円を政界にばらまいたというのである。

報道の翌日には、自由党の議員四名が考査委員会に調査を要求した。ＧＨＱのＧＳ（民政局）からも考査委員会の篠田弘作委員長に問題の究明が厳命される。のみならず九月末にはＧ２（参謀二部）のウイロビー少将の要請により、ＦＢＩの捜査官数名が来日するという騒ぎにまで発展した。

「日発疑獄」は、日発を分割するか否かを焦点とする「電力再編成問題」が激しい議論になっていたさなかに、日発が自社を守るために賄賂をばらまいたという疑惑である。まかれた先は、まず分割反対派の大野伴睦《おおのばんぼく》派。そして広川弘禅《ひろかわこうぜん》幹事長を通じ自由党へ百万円が献金され、広川個人へも五百万円。そのほか佐藤栄作、増田甲子七《ますだかねしち》、大屋晋三などの自由党幹部議員、さらには民主党、社会党の議員たちにも及んでいたとされる。

二

しかしG2のウイロビーがFBIを呼んだのは、この贈賄について調査させるためではなく、考査委員会に調査を命じたGSの意図を問わせて、牽制するためだったという。贈賄事件の調査をやめさせようとしたのである。日発側の人々とウイロビーが通じていたようだ。そして、その脅しが効いたのなら、脅されたほうにも身に覚えがあったということである。

電力再編成は、GHQ内の対立、また自由党内の派閥対立がからみあい、ひどくもつれていた。日発疑獄は、その経緯でたまった膿みがあふれ出してしまったような事件だった。電力再編成の経緯は、松永安左ェ門が孤軍奮闘した軌跡で描かれることが多い。それは今日の電力体制の起源を雄々しく物語る創世神話のようだ。しかし、ここでは少し違った側面から見てみようと思う。

日発という失敗

電力再編成は、GHQの要請によって始まった。

日発は全国のすべての発電、送電事業を一手に担う、当時の日本最大の企業である。一九五〇年当時で、資本金三十億円、資産推計二千億円という、桁外れな大企業だった。

この巨大な民有官営の国策会社は、革新官僚たちによる統制経済の構想のもとに誕生した。

ナチスやソ連にならって電力を国家管理し、計画経済の礎にしようとしたのである。多くの民間会社があるより、統合して官僚が運営したほうが、より合理的で安定した経営ができるという考えだった。

ところが日発が発足した一九三九年の夏、厳しい渇水にみまわれたところに、石炭の調達ミスがあって、深刻な「電力飢饉」となってしまう。渇水期にそなえての燃料備蓄という電力会社にとって常識的な配慮すらできていなかったのだ。二年間にわたって大幅な電力制限、送電停止が行われ、電力消費を規制する「電力調整令」が施行された。

当然、日発の無能さに批判が高まる。官僚が電力会社を管理することは無理なのだという、国家管理に反対する主張が説得力を強めた。

ところが政府は反対に、いっそう統制を拡大することで、この危機を乗り越えようとする。一九四二年、国家総動員法に基づく勅令によって、配電事業を含むすべての電力事業を統合し、国家管理下に置いたのである。配電事業は、全国を九つに分けた地域ブロックごとに一社とされた。

だが、またしても厳しい渇水にみまわれる。しかも徴兵による炭鉱労働者の減少のため石炭も不足し、いっそう深刻な電力飢饉に陥ってしまった。軍事上の緊急性があるところに優先的に電力を供給する「調整」を行っても、アルミの製造ができず、戦闘機も作れない有様

二

だった。なんとか石炭を確保しようとしても、粗悪炭しか調達できなかったり、立地が悪くて石炭を輸送できない炭鉱を買い入れたり、対策も空回りするばかりだった。

まともな供給もできず、膨大な赤字が続いたことから、戦後に、日発は失敗だったと評される。それは当然、官僚には電力会社の管理は無理だったという結論につながる。しかし、どんなときでも官僚が失敗を認めることはない。電力事業の監督権をけっして手放そうとはしなかった。

軍需省が廃止されて電気事業は商工省電気局の所管となり、国家総動員法が廃止されると、それに基づく配電統制令と電力調整令も失効して、配電各社は商法上の一般企業になった。しかし、配電統制令の内容のほとんどは、十月一日に改正された電気事業法に盛り込まれ、また電力管理法と日本発送電株式会社法は継続していたので、事実上は電力の国家管理体制が続いていた。

この体制を変えることが、占領軍の要求した電力事業の再編成だった。事業を分割民営化し、監督する機関も政府から独立させよ、というのである。

GHQへの抵抗から二派対立へ

敗戦後、アメリカによる占領政策は、まず日本を二度と軍事的に立ち上がれなくすることから始まった。経済力を最低限までそぎ落とし、農業国にする予定だった。一九四五年十一月にはポーレー賠償政策によって、全国の軍需工場がアジアへの賠償にあてられることになり、火力発電所も約半分がその対象に指定される。同じ目的から、財閥や大企業の解体も進められた。「独占禁止法」と「過度経済力集中排除法」が公布され、翌年二月八日には、三百二十五社がその対象に指定される。

しかし日本を反共の砦とするため資本主義的に発展させる方向へと占領政策が転換され、五月以降、GHQは解体の指定解除、変更を行っていく。実際になんらかの処分を受けたのは十八社、分割・解散にまでいたった会社はわずか六社にすぎなかった。ポーレー賠償も行われず、火力発電所は日本に残された。

ところが日発は、あくまで分割を要求され続けるのである。日発だけは、いわゆる「逆コース」の流れに乗せられなかった。あまりに巨大であったし、GHQは日発を総力戦遂行のために発足した会社だと理解していたので、政府から独立させることが絶対に必要だと考えたのである。

二

商工省や日発・配電各社は、それを誤解だと主張し、抵抗した。巨大な独占企業であることのうまみをあっさり手放すわけがなかった。それどころか、配電事業をもあわせて一社に統合して国家経営にしようという、これまで以上に強力な一社化を主張し、電気事業と深く結びついた土建、セメント、重電メーカーなどの業者とともに猛烈な反対運動を始めた。

だが、最初のうちは日発の一社化案に従っていた九配電会社が、ＧＨＱの分割案は自分たちの体制を守ることになるとみて、九つのブロックに発送配電一貫した民有民営の企業をおくという九分割案を唱えるようになる。こうしてＧＨＱの要求への抵抗でなく、電力業界の二つの派が対決する構図ができた。

電力事業を九社に分けるか。一社に統合するか。それが主な対立軸となった。大雑把には、日発と配電会社とが自社の現体制を守ろうとして対立したのである。ただ、配電会社でも九州、中国はなお分割反対を主張したり、日発と九配電会社の労働組合が連合した電産協（のち一体化して電産）が一社化を要求するなど、錯綜した関係があった。また両論の折衷案が唱えられたり、地方自治体が「配電事業全国都道府県営期成同盟会」を組織し、発送電と配電とを分離してそれぞれ都道府県が経営するという公営化案を主張したりもして、百家争鳴といった様相もみられた。

電気事業の再編成は、戦後復興の要として急ぐべき課題とされたが、容易に進捗しない難題でもあった。

産業界は、電気料金が上がることを恐れ、急な変化を避けるべきだと主張した。経済が安定するまでは現状維持すべきだというのである。商工省も、官僚の監督権を守ろうとして、国営の継続と全国一社化を主張した。趨勢は、日発を現状維持、あるいは強化すべく全国一社化するという意見が圧倒的に勝っていた。一九三九年の強引な発足からたった十年しか経っていないのに、日発という巨大な利権の絡まりはすでに容易にほぐせるものではなくなっていた。

松永安左ェ門の登板

GHQの要求に応じ、芦田均内閣のもとに「電気事業民主化委員会」が発足する。そこで出された結論は、本州と九州は現状維持、北海道と四国だけは発送配電を一貫した会社を作るというものだった。

この答申案に、ESS(経済科学局)のマーカット局長は激怒する。過度な経済力集中を排除するというGHQの意図をまったく無視した案だったからだ。そこでGHQの集中排除審議委員会は、全国を七分割し、それぞれに発送配電一貫の民営企業を作るという案を作った。も

二

しGHQがこれでやれと命じたなら、抵抗できない。しかしGHQ内にも異論があったため強行はされず、日本側が検討するふりで時間稼ぎをしているうちに、集中排除審議委員会は解散してしまう。日発側としては、とりあえず難を逃れたわけである。

しかしマーカットはあくまで電気事業の再編成を進めるため、アメリカからT・O・ケネディを呼び寄せて、ESSの生産・公益事業理事につけた。もと電気会社の社長だった人物である。ケネディが中心となって、分割への督促はいっそう強められた。

芦田均の辞職後、第二次吉田内閣を組閣した吉田茂は、マーカットの指示によって、通産大臣の諮問機関として「電気事業再編成審議会」を設置し、松永安左ェ門に会長への就任を要請する。

かつて電力業界の風雲児であった松永は、一九四二年に電力事業がすべて国家管理に移されたのと同時に、東邦電力社長をはじめ一切の役職から身を引き、秩父の柳瀬山荘に隠棲して茶道三昧の日々を送っていた。松永の「電力再編成の憶い出」(『松永安左ェ門著作集　第四巻』五月書房、一九八三年)によれば、敗戦を迎えるやすぐに福島県の只見川の電源開発に乗り出す決心をし、ダム建設のため尾瀬ヶ原の視察も行っていたという。そこに審議会会長への就任依頼を受けたのだから、否はなかった。七十三歳にして、やる気満々の再登板である。松永にとって九分割案は、戦前にみずからが思い描いた電力界のビジョンのままだった。それを実現することは、国家に強奪された電力事業を民間の手に奪い返すことに他ならなかったのである。松永は審議会を、伝説的に語られるほど傍若無人な態度で牛耳った。官僚が審議の進行について口出しすると、「事務局長、退場を命ず」と怒鳴りつけるといった具合である。そして孤立した。松永の九分割案は、他の委員の賛同をまったく得られなかった。答申案は、九つに分割はするが、それとは別に日発の四割ほどの規模の電力融通会社を設立するという折衷的なものにされた。それでもなお松永は、副案として自案を添付させる。

この中途半端な答申案は、GHQに拒絶された。松永案も、供給区域外に電源を持つことを認めている点で否定される。なにより問題とされたのは、どちらの案も、電力行政機構を政府から独立させていないことだった。

おそらく答申案が否定されることを、松永は予期していたのだろう。ただちにケネディに猛烈に運動し、ついに松永案を政府案とさせることに成功する。GHQの要求をいれ、政府案では、電力行政機構を政府から独立した公益事業委員会とするように松永案から変更されたが、それは通産省（一九四九年に商工省から改組された）が省益のために堅持しようとしていたのを断念させたのであり、むしろ松永の理想により近づいたことになる。こうしてまとめられた電気事業再編成法案と公益事業法案とが、一九四九年末に始まった第七国会に提出されることになった。

二

だが、その提出までになお、ひと悶着あった。

板垣進助『この自由党！』（理論社、一九五二・一九七六年に晩聲社より復刻）によれば、このとき日発側が政府案の国会上程を阻止しようとして、通産委員会を中心に約五百万円をばらまいたというのである。その頃の通産委員会は、大野伴睦が委員長で、委員には「大野の三羽烏」と呼ばれた村上勇、神田博、有田二郎がそろい、政府案を粉砕すべく「大暴れに暴れた」。党人派の大野にとって官僚派の吉田茂は政敵でもあったが、土建業界とのつながりが深かった大野としては分割案を通すわけにいかなかったのだ。

この様子に、「司令部とくに民政局のウィリアムス国会対策課長あたり」が、自由党のスキャンダルの公表や分割反対派の贈収賄疑惑の摘発を匂わせたり、一九四九年度の見返り資金の残額四十二億円の支払いを停止するぞという脅しをかけたりして、政府案の国会への上程を急がせる。

見返り資金とは、援助資金でアメリカが買いつけた物資を、日本の貿易庁が受け取り、これを国民に売却して得た代金を積み立てて運用する資金である。その融資には、占領軍の了承が必要だった。それを凍結されたら、日発は工事のほとんどを中断せざるをえず、関連企業にも大きなダメージになる。政府はあわてて、政府案の上程を約束した。

しかし上程されたのは四月二十日、第七国会の会期もあとわずかというときだった。しかも議論は紛糾したから、結局、最終日の五月二日に審議未了、廃案とされて、第七国会は閉会する。

これで日発側はひとまず安堵した。来年だと予想されている講和条約が結ばれてしまえば、ＧＨＱの指示は無効となる。それまで時間稼ぎして逃げきればいい。財界の諸団体も再編成延期の要求を政府に突きつけ、逃げ切りをはかった。

ところがＧＨＱは、七月の第八臨時国会で決着をつけろと要求してくる。政府は、与党内の反対勢力を抑えられなかったため、次の国会では地方税法案の審議を予定しており会期も短いからと言い訳して、上程を見送った。そのことを通産大臣がケネディに報告すると、その場でケネディは見返り資金の凍結を宣告する。さらに、集中排除法の指定を受けている日発や配電は持ち株整理委員会の承認を受けなくては設備の新設や拡張、移設、増資、社債発行などができないことになっていたのだが、これについてもマーカットから、再編成法案の成立までは許可しないと通告された。

日発には一九五〇年度に見返り資金から百三十八億二千万円を融資すると閣議決定されていた。これをストップされれば、新規工事どころか、すでに進行中の工事も中断せざるをえない。その損失は五十三億円、請負業者の失業者は二万三千八百人にのぼると予測された。また六月二十五日に朝鮮戦争が勃発し、その「特需」は、深刻な恐慌状態にあった日本経済に

二

とって「起死回生」のチャンスとなるはずで、ここで電源開発ができなければ、その機会を十分に生かせなくなってしまう。政府は焦って、政府案の再上程を約束する。

このような状況下で、本章の冒頭で述べた日発総裁と副総裁の更迭が行われたのである。当然、憶測を招いた。国会でも問題にされた。見返り資金のために二人の首を切ったのではないかというのが、おおかたの見方だった。また背後で右翼の三浦義一が暗躍したのだとも噂された。

三浦義一は、「日発の大西総裁、櫻井副総裁、安藤建設担当理事らを通じて、土建、セメント業者、重電メーカーなどに強力な影響力をもつ右翼富豪で、GⅡ（参謀第二部）ウイロビー少将と親交があった」（室伏哲郎『戦後疑獄』潮新書、一九六八年）という人物である。

三浦と日発やウイロビーとの関係は、当時すでによく知られていたらしい。日発の櫻井副総裁とは古くからのつきあいがあり、その縁からか、日発の事業に深く食い込んでいた。談合を仕切っていたのである。

つまり三浦は、日発側にいた。分割反対運動でも暗躍していたらしい。なのに大西と櫻井に辞職するよう説得したのは三浦だったという。どうして、そうなったのだろうか。それには、これに先立つスキャンダル事件がかかわっていたようだ。

六月十四日早朝のことである。法務府特審局特別捜査班（現在の公安調査庁）が、永田町の自由党本部を急襲し、帳簿や書類を押収していった。捜査にはなにかしら狙いがあったのだろうが、押収した書類からは思いがけないものがみつかった。三浦義一の献金に関する書類である。

「伝えられるところによれば三浦の妻うめ名義の百万円の小切手の外、三浦名義の二百万円の受け取り書類があった。当時三浦は広川を通じて毎月二百万円を吉田に出していたのである」（『この自由党！』）

広川とは、吉田の側近で広川派の領袖であった広川弘禅である。三浦は公職追放中の身であり、政党に献金していたとなれば追放令違反に問われることになる。ところが三浦は子分を使って「特審局の職員を買収し、その金庫からまんまと関係書類を盗み出して涼しい顔をしていたといわれている」（『同前』）。

三浦はそれでよかったかもしれないが、たとえ証拠が消えても、疑惑が追及されれば、自由党幹部たちにとっては致命的な事態になりかねなかった。そこで六月二十八日に内閣改造を行い、法務総裁を、特審局に捜査させた殖田俊吉から大橋武夫に替えて、この事件をうやむやに葬ってしまう。

特審局が三浦の書類を発見したとき、GSのホイットニー局長らは、追放令違反で三浦をおとしめ、ひいてはG2のウイロビーにダメージを与えようともくろんだという(『同前』)。G2はGSの力を削ぐため、昭和電工の贈賄事件、さらにGSのケーディス次長と鳥尾元子爵夫人との不倫関係を警察を使って調査させ、ケーディスを更迭に追い込んだ。そのときG2のウイロビーの手先として大いに活躍したのが三浦だったので、その報復を考えたというのである。

昭和電工の日野原節三社長は、各方面に巨額の賄賂をばらまいた。復興金融金庫から融資を受けるためには大蔵省、商工省などの審査、そしてGHQの許可が必要だったので、政治家や官僚、ESSの幹部たちに贈賄したのだ。この事件は、芦田均元首相を含む国会議員九人、元国会議員三人、高級官僚十三人など、計六十四人が検挙されるという大疑獄事件に発展したが、ESS職員の収賄は完全に隠蔽された。GHQの威信を守るためである。政治家たちも、受け取った金を賄賂だと認識していなかったなどの理由で、みな不起訴となった。むろん国民はまったく納得しておらず、ケーディスらGS幹部も収賄していたに違いないと思ってきた。実際は、収賄したのはESS職員だけで、GS幹部はこの件に関しては潔白だったという（魚住昭『特捜検察』岩波新書、一九九七年）。だが、ウイロビーらの画策によりケーディスの不倫事件が本国の新聞に大きく報じられるなどして、ケーディスは更迭された。民主化改革を主力となって進めた人物が去り、GSの勢力も弱まり、G2の力が強まった。GSが支持していた芦田均内閣は倒れ、G2と折り合いのいい第二次吉田茂内閣が成立する。

このGSにとっての痛恨事で暗躍した三浦義一の弱みをつかんだGSは、報復のチャンス到来と勇み立ったが、それもつかの間、証拠が消えてしまったのである。これでは追放令違反で追及することはできない。

それでもGSはあきらめなかったらしい。『この自由党！』によれば、追放関係担当のネーピアが、三浦の経営する新聞『日本夕刊』に掲載された共産党と全国金属労働組合に関する記事が行き過ぎであるとして発禁処分にしようとしたのである。ただの腹いせでないなら、それをもとに追放令違反にもっていこうとしたのだろう。ところが三浦は「『その記事が事実だったらどうするか』とケツをまくった」ので、ネーピアが「大橋法務総裁にたずねたところ、まんざら捏造ではないという返事、ついに『若干の行き過ぎがあった』という社告を出すことでけりがついた。この事件を契機としてネーピアは三浦と特別の関係ができ、その後毎週一回築地の待合で会合」する仲になったという。

三浦は、それまでは「日発分割反対運動のかげの一大勢力」だった。しかし「日発工事入

二

札のかすりをとっていたのであるから、分割後も談合の権利がとれるものなら、分割しようがしまいがどうでも良いのである。当時は二十五年度分の見返り資金一三八億だけは自分の手で処分したいという考えであった」。それでマッカーサーやアーモンド参謀長が分割案を支持していると知るや方向を転換し、日発の「大西総裁と櫻井副総裁を説得して、辞表を書かせ、その辞表をふところにして、調停者の形で吉田と折衝した。すなわち分割反対を引っ込めるかわり、後任の日発総裁を社内から出してくれというのであった」。

ようするにGSやESSとのつきあいができて、分割は避けがたいとみたのだろう。見返り資金が出るかどうかは、談合の利権どころでなく、日発や関連企業の死活問題だ。その問題の調停者になれる立場に、三浦はいた。必ずしも自身の利益だけを考えたわけではないと思う。ただ、自分の利益にも直結していた。この調停を経て、三浦は「分割問題に対してますます大きい発言権を持つようになった」という。そして猪野健治『日本の右翼』(ちくま文庫、二〇〇五年)が、「三浦義一を右翼陣営中の〝戦後最高の実力者〟と呼んで、異議を唱える人は、まずいないだろう。生前の三浦の政財界への影響力は、絶大なものがあった」と記すような存在になった。電力再編成のドラマの一幕が、戦後最大の「黒幕」を育てる一助ともなったのかもしれない。

むろん三浦による調停のあったことを、大西や櫻井は認めていない。

十一月十日の「電力に関する特別委員会」で、二人は辞任の経緯を証言している。質問者は、二人に辞任を勧告した理由を通産大臣や政務次官、官房長官らに尋ねたが、「友人としての好意的勧告と言ったり、政府案に反対的態度であるからと言ったり統一を欠き、見返り資金及び再編成に関する責任の帰趨も明らかでな」いので、当人が説明してほしいと述べている。更迭した側はまともに理由を言えなかったのである。

証言によれば、二人は官邸にいっしょに呼ばれ、通産大臣から辞職してほしいと言われた。「私たちがやめれば見返り資金が出るのですか」と尋ねると、「それは関係ない」との答えだった。「後任について考えがあるのですか」と尋ねたら、「後任を考えて辞職を勧告するようなことではない、ただ友人としてお願いしているだけだ」と言われた。そこで大西は、帰って一晩考え、結論を出した。

「この際大臣の勧告を受け入れる方が、何かこう電気事業上にいい結果が生れて来るであろうというような感じをいたしましたので、今回は実は先輩或いは友人にどなたも相談しませんで、九日に辞表を出したわけでございます」

通産大臣との問答は世間で言われていることを否定するための内容であり、相談せずに決

二

めたというのも三浦の関与を否定するために言っているのだろう。とはいえ「いい結果が生れて来るであろうというような感じをいたしましたので」とは、ずいぶん奇妙な言い方で、暗に、言えない事情を察せよと言っているようにも、あるいは「いい結果」の約束を忘れるなと念押しをしているようにもとれる。

大西は、通産大臣に辞任すると返事したとき、三つの要望を出したという。

一、再編成後に株主、社員の差別待遇がないこと。
二、日発社内から次の総裁を出すこと。
三、今後の石炭購入や設備投資のための資金確保に尽力すること。

条件つきの辞任だったのである。だが、その要望がかなうことはなかった。

一つめの要望は、再編成が具体化するときに役員人事をめぐって泥仕合が繰り広げられることになるから、守られたとは言えないだろう。

二つ目は、三浦が請け負ったかのように言われる条件だが、日発の社内からは森寿五郎が総裁心得に就任した。総裁ではなかった。分割案に賛同する者でなくては総裁にできないという政府の意向による人事だった。そして一か月後、信越化学の社長、小坂順造が総裁に就任する。森は副総裁とされた。小坂は松永の九分割案の、財界では数少ない賛同者の一人だった。

三つめの要望は、見返り資金の放出が行われることを意味していたが、それは行われなかった。ＧＨＱは再編成法が成るまで資金の凍結を解除しないというのである。

つまり二人の辞任は、日発側に「いい結果」をもたらすことはなかったようだ。二人は裏切られたことになるのだろうか。

大西は先の委員会での証言で、辞任に不満はなかったかと問われて、「ただ私遺憾に思いますのは、辞令をもらったとたんに政治献金云々といったようなことを言われた点がどうもちょっとおもしろくございませんけれども、やめたこと自体につきましては、何ら強制されたとかあるいは不愉快だというようなことは考えておりません」と応じている。

分割派に譲歩して、辞職を受け入れてやったのに、なぜそんな追い打ちをかけるのかと、腹に据えかねていたようだ。

日発の贈賄疑惑は、大西らの辞任の理由の不明、三浦による辞任斡旋の噂とあわせて、さまざまな憶測を呼んだ。贈賄事件を調査するための考査特別委員会でも、それらがあわせて問われている。考査委員会での調査は、ＧＳからも篠田委員長に厳命されたというが、もともとこの疑惑は松永安左ェ門が暴露したものだったという（『この自由党！』）。松永の計略、分割反対派への攻撃だったのである。

それに対抗し、松永派の贈賄も話題にあがってくる。全国の九配電会社に頭割り一千万円ずつ出させて、各方面にばらまいたというのだ。

それ以上の噂もあった。「ESSのケネディは約二十五万ドル（九千万円）の報酬を得た上に、白洲次郎と松永から一千万円に相当するダイヤモンドを贈られたと消息通で評判が立てられ」、「またESSの見返り資金担当官ハッチンソンにも相当のものが贈られていた。しかもこの同じケネディらESSの連中は分割反対の日発側の宴会にも出席し、日発の経理面では彼らのための『すき焼代』として一千五百万円が計上されていたのであった」（『この自由党！』）。

むろん、GHQにかかわる不祥事を記事にすることは許されない。GHQが贈賄先にふくまれることは噂でのみ伝えられたのだろう。「消息通で評判」などというのは、ハナから事実かデマか確かめようもない噂にすぎないが、それも日発側からの反撃の一つだったかもしれない。

電力再編成をめぐる闘いは、GHQ内の「G2対GS・ESS」の対立、自由党内の「大野伴睦派対広川弘禅派」の対立がからみあい、そこに分割派、反分割派からの現金が飛び交う実弾戦がおそらく行われていたのだろうが、加えてそのスキャンダルを互いにあげつらっての情報戦もエスカレートしていった。これでは双方にダメージが大きく、自由党そのものが危うくなる。それどころかGHQの威信にも傷がつく。ウイロビーが呼んだFBIの脅しも効いたのだろう。いまさらながら、火消しが始まる。

とはいえ、いったん表に出た疑惑をいきなりなかったことにするのは難しかった。

機密漏洩問題にスピンアウト

十月二十四日の考査特別委員会で、篠田委員長は、調査の経過報告を行った。日発本社、各支店支社、配電九社のすべて、さらに約一億円以上の請負をしている土建、建設会社十二社、そして資材の大口納入企業について調査したという結果を、公表したのである。これでけりをつけるつもりだったようだ。

だが、その報告は奇妙な内容だった。

日発の「機密費の使途につきまして機密費を受取ったいわゆる支店長、あるいはこれを払い出した秘書課長というところまでの伝票はあるのでありますけれども、それから先どういうふうに渡されたかという伝票は」ないという。

そして、機密費の渡し先は、「目下のところ不明であります」としたうえで、ざっと内訳を述べる。

「大体において秘書課の扱い分といたしまして一四五二万円、これは主として渉外関係に使われております。秘書役扱い分が七七二万円、これは官庁関係の接待費に充てられております。労務対策費として三六六七万円、そのうち電力防衛会議の講演会費用として一〇九三万円、その他労務対策費は二五七四万円であります。このほかに支社あるいは支店各自の立場において労務対策費が相当支出されておりますが、それもそこから先の伝票がありませんので、その使途は目下のところ不明であります」

これでは何もわからないも同然だが、「日発その他の二重帳簿問題について調べましたが、経理が非常に厖大であるために、とうてい二重帳簿をつくることはできないという調査員の結論でありました」というのである。

使途の詳細はほとんど不明ながら、膨大すぎて二重帳簿は作れそうもないから、賄賂は出していない。そんな理屈があるだろうか。ざっと述べられた内訳だけでも、かなり怪しい（ここでの問題とは関係ないが、労務対策費や電力防衛会議の講演料は、第五章で述べる電源防衛戦の戦費と思われ、その金額の大きさが注目される）。

二

だが、この調査報告は、シロと結論する。請負関係からも何も出ず、また配電のほうは全国の九配電会社から約一千万円が関東配電に集められ分断賛成運動に使われたが、その使途は明瞭になっているとして、やはり問題なしとされた。

あまりに曖昧で、むしろ疑いを強めるような内容と言うべきだろう。この報告の後、本来なら調査結果についての質疑が行われるはずである。

ところが、委員会の議論は妙な方向へ向かってしまう。この日の委員会に先立つ十九日の理事会でこれと同じ報告を行ったところ、これでは不十分だとしてさらなる調査要求をした理事がいた。理事会の内容は秘密で、考査委員会に出席している一般委員もその内容は知らされていない。ところが、その理事の調査要求の内容が二十三日の新聞に報道されていた。しかも「土建会社の名前あるいは料理屋の名前、おかみさんの名前も出して、また中には、金額等をも明示してあるような事実が発表されているのであります」（佐々木秀世）というので、議論は機密漏洩という問題へすっかり逸れてしまうのである。その無駄なやり取りが続いたあげく、ついに椎熊三郎《しいくまさぶろう》が「考査委員会は委員同士を糾弾する委員会ではない。（中略）そんな派生的な問題をやらずに、日発問題の中心をつこうじゃないか。そんなことでこの問題を隠蔽しようというのか」と叫ぶのだが、場内は騒然となり、委員長は静粛を要求すると同時に、これ以上続けても紛糾するだけだからと散会を宣言してしまう。

二

さすがにこのままでは収拾がつかず、考査委員会ではなおこの問題を扱い続けた。十一月十四日には、日発の元副総裁櫻井督三を証人に呼んでいる。「日発は土建業者から工事請負人の一〇%くらいのリベートをとって、そうして分断反対をするためにこれを政治家あるいは政党方面にばらまいた、その費用が数千万ないし四億円くらいに上るであろう」という疑惑について問われた櫻井は、当然、否定する。また三浦義一との関係についても、個人的にはよく知っているが業務上のつながりはない、と断言した。十一月二十日、ついに篠田委員長は、一連の疑惑についての「調査打切り」を発表する。つまり何ひとつ明らかにならなかった。

社会党は反発し、今後も追及を続けると声明を出す。また福岡県の一青年が、広川弘禅を告発し、「日発問題　意外な進展」の見出しで報道された（大阪毎日、十一月二十二日）。この青年は、広川が幹事長時代に電気事業経営者会議から百万円の献金を受けながら未届けであることが、政治資金規正法違反だとして、東京地検に告発したという。考査委員会の打ち切りに対する不満からの行動だろう。その不満や不信感は、当時の人々に共有されていたものにちがいない。

結局、この疑惑はなかったことにされた。もはや事実は定かではない。だが、新しい電力供給体制が誕生する過程として人々に見えていたのは、このようなスキャンダルの応酬だった。むろんGHQに否定的なことは、占領が解除されるまでマスコミは書けなかった。それでも、スキャンダルの背後に、贈賄の対象として想像されただろうし、噂も流れていただろう。虚実の入りまじった情報であったにしても、いやそれだけに、電力再編問題は、裏工作や贈収賄の応酬によどんだ泥沼のように見えていたにちがいない。

ポツダム政令に始まる

政府は、第八臨時国会は電力再編成問題と補正予算の二つを柱にすると発表していた。しかし何度も延期され、十一月二十二日にようやく開会する。考査委員会の調査打ち切り宣言の翌日である。無事にうやむやになるのを待っていたかのようだ。

吉田茂首相の施政方針演説は、二十四日に行われることになった。ところがその朝、突如として「電気事業再編成令」および「公益事業令」が公布される。九電力会社とその監督を行う公益事業委員会を政府から独立して設けるという、第七国会で廃案となった政府案がいきなり法令として公布されたのだ。吉田首相は、マッカーサー連合国総司令官から二十二日に届いた書簡で早期実現を要請されたため、やむなく「ポツダム政令」による公布を決定したのだと説明した。

二

ポツダム政令とは、「緊急勅令五四二号〈ポツダム宣言ノ受諾ニ伴ヒ発スル命令ニ関スル件〉」にもとづいて発せられた命令のことで、連合国最高司令官から要求されたことを実現するためには強権的に命令することができるとする占領下の法である。当初は「ポツダム勅令」と呼ばれ、新憲法が施行されてからは「ポツダム政令」と称されるようになっていた。

ポツダム政令であれば、国会で審議することなく実行される。この臨時国会にむけて、先の政府案の問題点やそれぞれの再編成案を主張すべく準備してきた議員らは、いきなり肩すかしをくらったわけである。

午後の施政方針演説を前に、午前十一時すぎに始まった参議院の議院運営委員会で、吉田首相は再編成案の公布にいたった経緯を説明した。

まず電力再編成がきわめて急務である事情を語り、それでも政府は法律的にやりたいと思っていたのだが、「二十二日に司令部からマッカーサー元帥の書簡が参りまして、なるべく早く実現するためにポツダム政令、ないしその他の方法によってなるべく早く実現するようにという指令がありましたのでありますから、政府としてはポツダム政令を出すことに決定いたしましたのであります」と、理解を求めた。

むろん批判が巻き起こる。書簡に「ポツダム政令、ないしその他の方法によって」とあったのなら、すでに国会会期中なのだから、審議すればいい。今国会の柱として政府が喧伝してきた議案を、まったく審議もせずにポツダム政令でやるのはおかしいではないか。国会を軽視しているのではないか。アメリカは日本を民主化しようとしてきたはずなのに、これではまったく反民主主義的である。それは吉田首相のやり方がおかしいからではないか。

次々とあがる批判にも質問にも、吉田はただポツダム政令だからの一点張り、木で鼻をくくったような答弁を延々と繰り返した。不毛なやりとりが続く。やがて吉田が中途退席し、休憩となった。再び出席するのを待って再開することになっていたのだが、吉田は戻らない。すっぽかしたのだ。委員会は、この後の運営をめぐって紛糾する。首相が議院運営委員会をないがしろにするからには本会議は休会すべきだとの意見も出たが、一方で、施政方針を聞きたいという意見や、あの首相にしてはよく怒らずに答弁を続けたものだと評価(皮肉かもしれないが)する委員さえいる始末だった。

この後の衆議院の運営委員会では、先の追及にうんざりしたのか、吉田は報告を担当者にまかせると言い、自分はよく知らないという態度を取って、また反発を呼んだ。本会議の施政方針演説ではごくあっさりとした説明で終えている。

その後、何日も批判は続いた。「ポツダム政令なのでしかたがない、それ以上の説明はできない」と繰り返すだけの吉田に対して、では、その書簡を公開せよ、という声が高まる。実際の文面はどうだったのか、本当にマッカーサーが命じたのか、確かめさせろというのであ

二

1950年、11月27日の『電気新聞』。ポツダム政令によって、
電力再編成令が公布されたことが報じられている（『東京電力三十年史』より）

る。だが吉田は、書簡はGHQが公開すべきもので政府からは公開できないと言い張った。「見せろ」「見せない」の応酬が続く。うんざりしたのか、二十七日の本会議の冒頭で吉田は「自分としては、マ書簡の公表方については考慮いたします。御了承願います」と、曖昧ながら公開する気があるかのような発言をする。しかし実行はしなかった。うやむやにした。

それもそのはずで、ポツダム政令でやらせてほしいと言い出したのは吉田のほうだったからである。議会での審議を尊重すべきだと考えていたマッカーサーは消極的で、一度は吉田の要請を拒否してさえいた。ポツダム政令でないと決められないという吉田の懇請に、しぶしぶ了承したというのが実際だった（『吉田茂＝マッカーサー往復書簡集』袖井林二郎編訳、講談社学術文庫、二〇一二年）。

吉田としては「考慮いたします」で幕引きにするつもりだったのだろうが、その翌日の『毎日新聞』が、マッカーサーの書簡は吉田が助言を求めてきたのに応ずるような文面であると報じたため、三十日の予算委員会でまたしても蒸し返されることになった。

西村栄一議員が、ポツダム政令は「内閣から要請せられて発せられたものでありますか、あるいは自発的に総司令部から発せられたのでありますか」と問うと、吉田は「はっきり申しますが、政府から要請したのではないのであります。GHQから自発的にと申すか、GHQの指令に基いて政府はポ政令を出したのであります」と断言する。すると西村は、それならなぜ書簡を公表しないのか、警察予備隊その他に関する指令は発表しているのに、なぜこれは発表できないのかと疑問を呈し、吉田の答弁を信頼できないとして、『毎日新聞』の報道をとりあげた。その記事によれば「マッカーサー元帥の書簡の大要といたしまして、『去る二十日の会見で貴下から私の助見を求められた。その後総司令部で検討したが』云々ということになっておる」のだが、その記事にあるような助言を求めたことがあるかどうかと問う。

吉田の答弁は一言だった。

――「新聞の記事については責任を負いません」――

二

これで議長は質疑を終わらせようとした。しかし、西村は続ける。

「もうこれで最後にいたします。そこで従来政府は指令を公表されておるにもかかわらず、この電力の問題だけが公表されないというのは、世人に多くの疑惑を投げております。その疑惑の根拠はどこにあるかといえば、私どもが巷間にうわさされておることを聞いてみますと、マッカーサー元帥のこの書簡の中には、前段に政府の無能、無策を指摘している。政府の無能、無策がこの電力の問題を遂に紛糾に至らしめたことはまことに遺憾であるが、しかし事態は緊急を告げるから、あらゆる手段に訴えて解決する権能を與えるということが明記されておるということを承っておるのでありますが、この巷間のうわさがかりに偽りであるとすれば、現内閣はすみやかに世人の疑惑を解くために、マッカーサー元帥の書簡を公表せられてしかるべきであって、官房長官がその後現内閣の責任を追究される書簡を公表することは、内閣にとつての政治的責任をとらなければならないという見地から、書き直しを要請せられておるということも伝えられておるのでありますが、私は現内閣の名誉のために、世人の疑惑を一掃するために、こいねがわくばすみやかなる機会において、マッカーサー元帥の書簡の全文を公表せられて、世人の疑惑を一掃せられんことを要望いたしまして質問を打切ります」

書簡を公表用に、吉田の答弁にあわせて書き直ししているという噂まで流れていたらしい。今日の国会を彷彿とさせるやりとりだが、このときは噂が先に流れたせいか、改竄された書簡が公開されることはなかった。公開じたいされなかった。

戦後の電気事業は、このようにポツダム政令を利用した虚構に始まり、今もその延長上にある。

吉田茂の陰謀

電力再編成問題は、利権の争奪や政治的対立がからんで、はてしない議論と工作がくりかえされ、収拾がつかなくなっていた。早期決着には超法規的な方法をとるしかないという吉田の決心も、やむをえない面はあっただろう。また吉田は、GHQの意向通りに決着をつけるにはポツダム政令しかないと判断したのであって、その意味ではマッカーサーの命令と言っても大差はなかった。実際、第七国会で法案が成立しなかったとき、マーカットESS局長の周辺ではポツダム政令によって強行することも検討されていたという。マッカーサーがしぶったのは、占領軍が強権的にふるまった印象を日本人に与えたくなかったためらしい。日本人がみずから民主主義的な手続きによって決めたという形をとらせたかったのである。しかし、それがうまくいかないのでポツダム政令でやらせてほしいと、吉田が願いでたわけだ。日米合作の虚構だった。

この後も日発側の抵抗は続く。しかし決定がくつがえることはなかった。日発は、GHQの要求した通り、分割された。吉田はGHQの要求に応えた。吉田はG2に近しく、GSの民主化案には抵抗しがちだったにもかかわらず、この案については最初から積極的に推進した。外資を導入するためには分割民営化が必要と考えてのことだった。外資導入は、吉田が「一枚看板」と言われたほど繰り返しアピールし、実現する自信があると主張していたことだった。

だが吉田には他にも狙いがあったのだと、『この自由党!』は記している。日発の分割そのものが「吉田財閥建設の一大陰謀」であったと断じて、政治評論家、岩淵辰雄の次の言葉を紹介しているのである。

—吉田自由党の最大の資金源は持株会社整理委員会を通じる財閥株式の創出と日発—

であった。とくに日発解体のさい、銅線その他の資材、石炭などの在庫が三十億円以上あった。その大きな部分が、小坂の信越商事その他に帳簿価格で払下げられ、九電力会社はそれを時価で買上げるという帳簿との操作をやって、バク大な差額をかせいだ。この中、少くとも二億円以上が吉田の手もとにいっている。

岩淵辰雄は、戦前に国民新聞、読売新聞などの政治記者をつとめた後、政治評論家となり、戦後には読売新聞主筆になった。戦後すぐに「憲法草案要綱」を作った憲法研究会の一員であったことでよく知られている。戦時中には近衛文麿の和平工作をリードして「近衛上奏文」の草稿を書き、巻き添えをくった吉田茂とともに憲兵に逮捕された。その縁から、公職追放になった鳩山一郎の代わりの総裁として、吉田を推す。つまり吉田内閣を産みだしたのは、岩淵だった。ところが吉田が傲慢になり、側近政治による政権の私物化が目立ってくると、厳しく批判するようになる。吉田が自らの使命としていた米国からの借款を妨害して退陣に追い込み、鳩山政権を成立させた。一九七五年に没するまで、田中角栄以外のすべての首相の指南役となり、閣僚などの人事面にも力をふるったという。『岩淵辰雄追想録』(同刊行会、一九八一年)に寄せられた諸氏の回想を読むと、ダレス国務長官と直接電話で話す関係だったなど、米国のジャパン・ロビーの人脈と深く通じ、国内外の情報を驚くほど早く、細かなことまで知っていたという。吉田自由党の「資金源」だったというのも、根拠のない発言ではなかったのだろう。

暗黒面を暴露した一大メロドラマ

松永安左ェ門はこの後も、日発と配電の合併の資本比率や九電力会社の人事をめぐっての奮闘を表裏で繰り広げ、ついには人事権を掌握し、東北電力会長に白洲次郎、九州電力社長に麻生太賀吉《たかきち》という二人の吉田の側近を入れた以外は、ほぼすべて松永がかつて東邦電力社長だった時代の配下の者たちを就けて、再編成問題の勝利者となる。だが一社化案を主張していた勢力も諦めることなく、電源開発のための特殊会社の創設をめざし、それを阻止しようとする松永との泥沼の戦いがなお続くことになる。そして、その間もスキャンダルは絶えなかった。

電力再編成は、「九分割をめぐるこの四年間にまたがる騒動ほど、日本政治の暗黒面を徹底的にばくろしてみせてくれたものはない。この問題だけで、一大メロ・ドラマたる資格をすべてそなえている」(『この自由党!』)というほど、人々の耳目を集める醜聞の連続だった。

電力事業再編成問題について書かれた書籍は少なくないが、それにともなうスキャンダルについて詳しく記したものは今ではあまりないように思う。何も定かにならず、裁かれた者もいないのだから、当然だろう。確かな事実とされることによって歴史を綴るなら、このような話題は脱落させざるをえない。だが、そうして書かれた歴史は、当時の人々に見えていた風景とはだいぶ違うものになる。

むろん醜聞のなかには対立するグループが互いに流しあったデマもあり、事実がどうであったかは容易に言えない。虚実ないまぜになって進行した「メロドラマ」なのだ。だが同時代の人の目に映った政財界の風景として、それも一つの事実である。

今日でも私たちの多くは、政策論争の細部などはよくわからないまま、政局上の争いやスキャンダルに目を奪われている。白々しい嘘で疑惑をうやむやにし、呆れるばかりの強弁や詭弁で批判を言い逃れる政治家や官僚の姿に、うんざりしたり、怒ったり、嘆いたりしている。その政治家の言葉のほとんどは、未来の歴史書に書かれることはないだろう。事実としか思えない疑惑も、判然と決せられず、政局にも変化を与えなかったなら、大きく扱われることはないだろう。歴史の大局から見れば、ノイズにすぎないのかもしれない。しかし我々の生活の大半はノイズから成り、ノイズに情緒や行動を左右されている。それを抜いた歴史は、その時代の人が見れば、すっかり脱色された記述に見えるにちがいない。ノイズがその時代の人々の心象に刻まれ、以後の人々が生きていく風土ともなるのではないだろうか。

三

占領下で吉田茂が駆使した手法は、講和条約を結んだ後になお継続された。意志の主体を曖昧にしながら強引にことを進めることのできる好都合な仕組みなので、官僚制と親和性が高いのだろう。ある政策がアメリカ政府の意向に沿うためのものだったり、あるいはそう見せて実は日本政府が積極的に進めていることだったりする。在日米軍と日本の官僚とからなる日米合同委員会の「合意」は公表されても、その議事の内容は開示されない。日米地位協定のもとで、ポツダム政令がなお存続しているかのようだ。沖縄の米軍基地問題が典型的である。占領時代と同じように、どちらの意志かわからない。敗戦以来、日本の風景には、つねにこの借景があった。

電力再編は、現代に継承されている風景の土台ができあがっていく時代を活写した「メロドラマ」だったと言えるかもしれない。

三

受難に立つ加藤金次郎

拉致・監禁される

加藤金次郎は、思いがけない苦境に陥っていた。

いきなり拉致されて、精神病院に隔離されてしまったのだ。

電力事業が再編成されると、加藤金次郎が日発に返却を要求していた大牧発電所は、関西電力に所有権が移された。恐喝や殺人未遂についての告訴は不起訴になったようだ。一方、日発が一九五〇年に東京地裁に提訴した、加藤の日本水力工業に対し大牧発電所の譲渡と代金確認書を求める訴訟は、関西電力が引き継いで原告となった。加藤はこの訴訟を、強盗が原告になり被害者が被告にされた「奇怪極まる訴え」だと憤り、闘いをつづけた。

だがその過程で、加藤はたびたび身の自由を奪われることになる。

最初は一九五四年のこと、東京都大田区にあった自宅に「突然数名の暴力団が闖入し」てきて、加藤を自動車で拉致し、埼玉県の精神病院に監禁してしまったのである。病院ではさまざまな虐待を受けたと、加藤は主張している。

またしてもサスペンス映画のような事態が展開し始めたのだ。

加藤を入院させたのは、実の息子二人と、二人の娘の夫ら、四人だった。彼らによれば、加藤は敗戦によって在外資産を失ったショックから精神に異常をきたしたのだという。

三

むろん加藤は断固として否定する。大牧発電所の問題を訴える冊子を大量に配布したり、街頭に立ってプラカードを手に演説したりする姿は、他人からは奇異に見えたかもしれない。しかし、そうせざるをえない事情があったのだ。自分は正気である。だが子供たちは、加藤の「闘争の方法がやや過激であった点を巧みに利用し」、精神病者に仕立てたのだと、加藤は主張する。目的は、財産だという。

加藤は、財産百億円を人類福祉に寄付すると宣言していた。財団法人「琵琶湖干拓協会」を設立し、干拓によって得られた利益を人材育成、科学研究、社会設備費、また宗教普及による社会浄化に用いるとの趣意を示して、そのために「子孫のために美田を残さず」を実践して、私財を投ずるつもりだった。子供たちは、これを防ぐために加藤を精神病者に仕立て、社会から隔離して、財産を自由にしようとしたのだという。

子供らは、加藤を監禁している間に、偽造の印鑑を大田区役所に届け出て印鑑証明を手に入れ、加藤が所有していた土地を電信電話公社に売却してしまったり、加藤が資本金十万円を出資して創立した立山温泉株式会社を、株主総会も開かず議事録を捏造して奪取したりしたという。加藤を禁治産者となし、長男が保護者となるように家庭裁判所に申告したのも、その掠奪を正当化するためだと、加藤は訴えている。

監禁されること一年一か月、加藤は病院を脱出する。富山に戻り、知人宅に保護を求めた。

しかし、そこへまた埼玉県の病院の看護婦が数名の暴漢とともにやってきて、抵抗する加藤をおさえつけ、睡眠薬を注射して拉致しようとする。騒ぎに気づいた知人らが駆けつけたので、ことなきを得たものの、このままでは危険だからと、富山県の中央病院の院長に助けを求めて入院した。

もちろん、ただ逃げ隠れするだけの加藤ではない。息子らに横領された財産の返還や禁治産宣告の無効、息子らの相続人廃除などを、富山家庭裁判所へ訴える。そして家庭裁判所、および富山検察庁に提出する上申書を印刷し、『受難に立つて』という小冊子にして広く配布した。そこには、息子や娘の夫たちの性格や生活のありようが「精神異常者」「生活無能力者」、加藤の「資産に依存して生活してきた寄生的存在」、「相続財産の増減にのみ重大な関心を深く有して居るもの」などと痛罵されていた。

そして加藤の主張によれば、子供らの背後には関西電力がいた。大牧発電所を奪ったことを「ウヤムヤに葬り去らんがために加藤が昭和二十九年七月発行の小冊子中に全財産壱百億円を人類福祉に寄付すると発表したのを奇貨とし、前記関西電力らが魔力の大ボス団らと共謀し、加藤の子供らを扇動し駆使して計画的に仕組んだのが、実に本事件である」というのである。

このような抵抗をつづけていた加藤だが、入院中の中央病院からまたしても拉致され、以

三

前と同じ精神病院に監禁されてしまう。

しかし今度は半月ほどで、拘束を不当とする富山地裁の判決が出て解放された。加藤の法廷への訴えは、親子の間のことなのでまともに扱われなかったらしく、最高裁から富山地裁に差し戻され、地裁は加藤の身柄を息子に引き渡すという判決を下していた。命の危険を感じた加藤は検察審査会に訴え、理解を示した審査会は迅速に処理せよという勧告書を発し、うろたえた地裁は加藤の主張をすべて認め、息子たちの完全な無条件降伏となったのである。加藤はそれだけでは勘弁できないと、子供らに詫び状を書かせて、いったん落着としている。

ところがまた奇妙な事件が起こったようだ。この件の弁護士のうち、おもに働いた主任弁護士ともう一人の弁護料は五万円だったのに、その「何十分の一」の仕事しかしていない二名が、なんと三億六百万円の弁護料を請求し、提訴したというのである。詳細はわからないが、この奇怪な訴訟の根拠は、問題となった加藤の財産があまりに巨額だったことにあったのかもしれない。

一九五六年発行の『受難に立って』にも財産百億円を寄付と記されているが、一九五九年の『人道』四月号には、「加藤金次郎先生、全財産二百億円人類福祉に寄付」と書かれている。三年で倍になっているのも妙だが、はたしてそれほど莫大な財産が加藤にあったのだろうか。

もちろん、なかった。これは大牧発電所が奪われていた期間に売られた電気の料金を複利計算して出した金額だったようだ。三年で二倍になったのはなぜかわからない。期間が三年長くなったとか物価上昇とか、なにか計算方法にも違いがあったのかもしれないが、どうであれ、加藤の手元にある金ではなかった。あってしかるべきだと思っていた、ない金だった。

とすると子供らが狙った財産というのは、二百億円ではなく、実際に手に入れようとした宅地や株券などで、加藤がそれらをすべて大牧発電所問題の運動に費消してしまうことを防ぎたかっただけなのかもしれない。

一九五八年、東京地裁は日発から引き継いで関西電力が原告となった訴訟に、ついに判決をくだした。それは千七百三万余円を関西電力が支払うことで、大牧発電所の登記を日本水力工業から関西電力に移転せよというものだった。

加藤の計算では、十六年間に大牧発電所から生み出された利益を複利計算すると二百二十億九千六百円あまりになるはずだったから、判決の金額はその「千三百分の一」にも足りない。これは「東京地裁が関電と通謀」した「詐欺判決」だと、いよいよ加藤の怒りは煮えたぎる。

岸信介内閣総理大臣や加藤鐐五郎《かとうりょうごろう》衆議院議長、田中耕太郎最高裁判所長官らに請願書を送り、それを転載した新聞『人道』を配布するなど、日発による強奪、関西電力による子供らと共謀しての拉致・監禁、暗殺未遂などの非道な行いを糾弾しつづけた。暗殺未遂というのは、三度にわたって毒薬を注射されるなどしたというのである。

カポネ団と関電テロ団

『人道』という機関紙は、日本人権擁護会の発行となっているが、責任者は加藤金次郎である。富山県立図書館が所蔵している一九五九年四月号しか見られていないが、内容はすべて加藤の主張であり、東京地裁の判決に対する、また関西電力に対する憎悪に満ちたものだ。実を言えば、かなり危うい、イカレているという印象をまぬがれないものである。「加藤金次郎先生の死を待つ関西電力‼」などといった見出しからしてそうなのだが、たとえばこんな記述がある。

関電が全国的に網を張る恐るべき秘密結社「カポネ団」を駆使してNHKを買収し、また全国報道機関に浸透して本事件を秘匿せしめ、殊に郵便局にも魔手を延ばし、日本人権擁護会発行の機関紙『人道』を送付しても関電は本件犯行の暴露を恐れ、途中で盗み去らせるのである。

あるいは、「殺し屋　関西電力社長　太田垣士郎」という見出しのもとに、こんな一節もある。

関電太田垣は日水加藤にビタ一銭の支払いもせず、非道にも氏の生活を絶ち、殊に全国に網を張り一億国民を間接的に搾取する恐るべき秘密結社「カポネ団」と共謀し、その所属たるロータリー・ライオンズ倶楽部及び政治ボス等と横の連絡をとり、国家機関はもとより富山県のみにても一千名内外に十億円をばらまき（この金は電気料金二百二十億円の利息年一割として二十二億円の内金である。）味方となし、白を黒とし、正を邪として加藤氏を中傷。孤立無援となし、闇から闇に葬り去らんとするのである。

大きく太田垣の顔写真が掲載されているのだが、その写真には恐ろしい形相になるよう稚拙に上から描き足しがされている。また毒害に苦しむ加藤が布団に肘をつきうつぶせた姿勢で盛大に血を吐いている瞬間の写真や、「関電テロ団」に拉致されるところのイラストも掲載されている。

これを見てしまうと、加藤の主張はすべて真に受けがたくなる。一切が妄想だったのだと思わずにいられない。

「カポネ団」というところに可愛らしいような突拍子のなさも感じてしまうが、一九四九年に「瀬戸内海のカポネ」と呼ばれる首領が率いる密輸団が一網打尽にされていたり、アル・カポネ一味と財務省の特別捜査官エリオット・ネスとの闘いを実録風に描いたアメリカの連続テレビドラマ『アンタッチャブル』が、まさにこの主張がされた一九五九年から放送が始まっている（六三年まで続く）ことを思えば、ギャングの代名詞としては旬のようでもあり、いま我々が感じるほどには突拍子もなくはなかったのかもしれない。ちなみに「瀬戸内のカポネ」が率いた密輸団は、八隻の船を持ち、「沖縄、台湾、温州などをマタにかけて約四億円の密貿易を働いて」いた。子分は三百人。行動隊から販売網まで組織していたという（『読売新聞』一九四九年十一月三日）。

だからといって加藤の文章の説得力が増すわけではないのだが、時代の違いによる語感の差については一応割り引いて考えなくてはならないだろう（たいした割引にはならないが）。

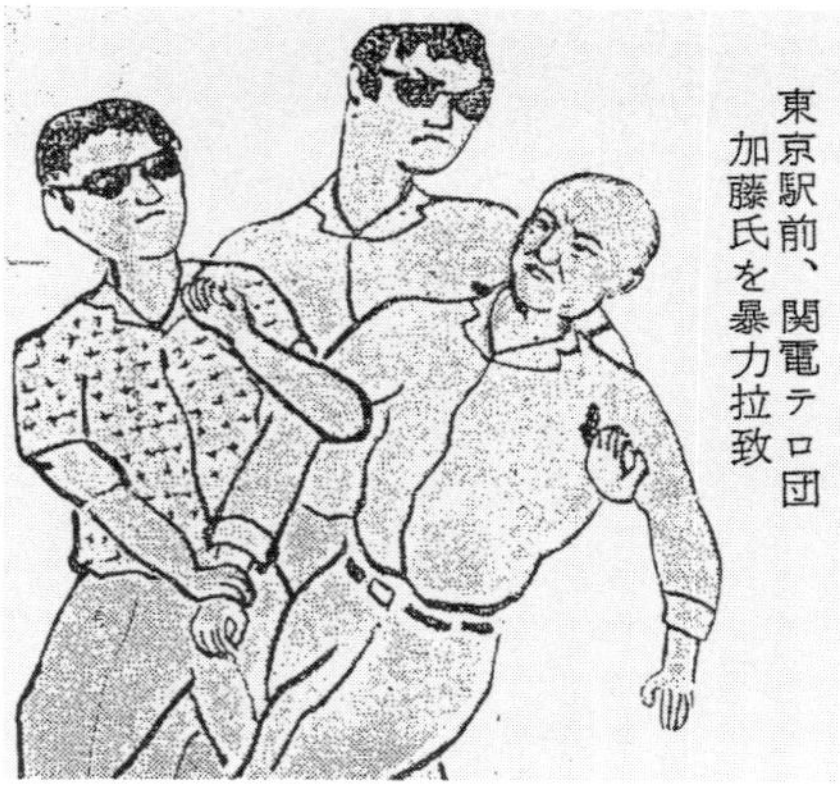

機関紙『人道』に載せられた関電テロ団に連れ去られる加藤金次郎のイラスト

三

加藤が最初に監禁されたとき、加藤がかつて町長をつとめた滑川市（一九五四年に市制施行）では署名運動が起こり、滑川市長を代表者として、二十七名の市会議員全員、さらに県会議員、商工会議所の議員たち、会社社長などが署名した「加藤金次郎氏顕真期成連名書」が裁判所に提出されている。加藤を精神病ではないと断じたうえで、不当な束縛にいたった事情の究明と加藤の解放とを訴えたものだった。また一九五九年発行の『今昔』（長崎正間、北日本新聞社）に掲載された加藤のインタビュー記事を読んでも、文章化されている限りでは異常な発言はみられない。一九六二年にまたしても加藤は自宅から拉致され、神奈川県の精神病院に拘束されるのだが、そのときも救出運動がおこっている。翌年に病院を脱出した加藤は、今度も「不当禁治産者宣告取消し申し立て」を行った。

この間の状況を、澤田純三「加藤金次郎翁と庄川について」（『近代史研究』第十八号、一九九五年）は、「加藤はもう過去の人だとした松永安左ヱ門を頂点とする電力資本の動きは、加藤翁親子の確執に深く楔を打ち込み、翁の死去まで続いた親権者間の争いは、昭和二十年代から昭和四十年代まで、精神衛生法、人身保護法との関連においても、政財界、法曹界、マスコミなどを大きく巻き込み、大変な話題となった」と記している。

この論文に付された年譜によれば、没年にいたるまで公の場で挨拶するような機会があったようだ。会った人が彼は正気だったと証言していたりもする。むろん明らかに異常な言動をしている人が相手や状況によってはごく穏当にふるまうこともよくあるから、それで反証とすることもできないが、単純に狂気というレッテルを貼ってすべて妄想だったと片付けられはしないと思う。加藤の書きっぷりは典型的なまでに被害妄想的で常軌を逸しているが、電力会社側の人間が子供らと接触しなかったはずもない。共謀とは言えないまでも、なんらかの話し合いはあって当然だろう。一方で、孤立した闘いのうちに加藤の主張が奇矯なものになっていったことも理解できないことではない。

当時の状況では発電所が返される可能性はなく、その代金は加藤には不満でも大金ではあるのだから、もういいかげんにその金だけでも受け取ればいいじゃないかと、周囲の人たちの多くは思っていたのではないだろうか。子供たちもそう思って当然だろう。金を受け取らないどころか、今ある財産までもすべて無謀な運動に費やそうとしている加藤の行動を阻止したかっただろうし、実際に狂気としか思えなかったのではなかろうか。禁治産者として後見人になれば、代わりに代金を受け取れる。電力会社にも子供たちにも、よい解決策だったはずだ。

加藤が大牧発電所の建設を始めたのは、電力が国家管理される前であり、当時は数多くの電力会社があった。そして発電所を増やすことは国策にかなってもいた。だから苦労して建設したというのに、工事を終えたとたん強引に取り上げられた。敗戦によって日本社会が民

三

主化され、自由になったというのなら、加藤が返還を要求するのは当然ではないだろうか。金額が折り合わないなら、発電所を加藤に返すべきだろう。集中排除という民主化の一環として、電力事業は再編成され民有民営となった。しかし加藤には返されない。では再編成のどこが民主化なのか？　何が自由なのか？　いったい何が変わったというのか。加藤にとっては、何も変わっていなかった。

他にもあった返還要求

電力施設の返還を求めていたのは加藤だけではない。再編成が騒がしく議論されていたとき、全国の地方自治体が「配電事業全国都道府県営期成同盟」を組織し、公営化を求めていた。その活動が、再編成の成った後でも、かつて日発や配電に統合された施設や営業権の復元を求めるという要求になって続いていたのである。それも国会で復元法案が審議されるところまで進んでいた。そうなると地方公共団体だけでなく、昭和電工、信越化学、電気化学、新日本窒素などの企業も連盟を作って、かつて強制的に供出させられた自家発電設備の返還を要求し始めた。

この時期には、加藤の主張自体はまったく孤立したものというわけでもなかったのである。

三

これらの要求に対して、公益事業委員会の委員長代理として電力業界の事実上の総帥であった松永安左ェ門は、「無理からぬものがあった」として、「信越化学の分は一応認めたことにしたのであった」と記している（「電力再編成の憶い出」『松永安左ェ門著作集 第四巻』五月書房、一九八三年）。

信越化学だけ認めたとは妙な話だが、信越化学の社長、小坂順造は、松永とは因縁浅からぬ仲で、松永の再編成案への数少ない賛同者だった。大西英一総裁らが辞任した後、松永は小坂を日発の清算を担う最後の総裁にすべく推挙する。一方で小坂は、松永を公益事業委員に推した。もっともこれは、松永を無視はできないが排除したかった吉田茂らの意を受けた小坂が、どうせ平委員になれと言っても松永は蹴るはずだからと、建前として就任を依頼したにすぎなかった。それを松永は「委員長なら断ったが、平の委員ならぜひやろう」と嫌みな台詞とともに快諾し、結局、委員長代理として事実上の実権を握ったのだった。

このときはまだ表裏はあれども二人は友好的な関係だった。しかし日発総裁となった小坂は、日発の立場から電力業界の今後を見るようになり、松永と激しく対立するようになる。合併時の日発と配電の資本比率や新会社の人事をめぐって、表裏で駆け引きし、搦め手から手を回して、熾烈な争いを繰り広げた。その小坂の会社にだけ設備の返還を認めたというのだから、なにかしらの深謀遠慮、ないしは取引を勘ぐりたくなる。

松永は、地方公共団体の復元要求については、正当性もあるとは認めたうえで、現在の電力事情からして長い目で見れば需要家のためにならないと否定し、もし復元法が成立していたら電力体制はめちゃくちゃになっていただろうと記している（松永「同前」）。

システムの合理性の問題として考えれば、松永の主張は間違っていないのだろう。しかし、システムの合理性にあわないから正当な要求でも拒否してよいというのでは、松永が否定している統制経済と似てしまわないだろうか。

電力業界は、復元法案に強く反発しつづけた。とりわけ関西電力では対策本部まで設けるほどに力を入れたという。もしかしたら加藤との訴訟が影響していたのだろうか。関西電力の会長、堀新は電気事業経営者会議の議長として、復元法は再編成の趣旨を没却するものであり不可能だという声明を出す。電力会社が統合されてからの十数年間で、設備には減損もあれば補修を行ったところもある、すでに原形を留めていないものもある。だから無理だというのである。松永はわずかにせよ復元要求にも正当性を認めていたが、こちらは断固として否定した。しかし、無理やり奪ったものを、古くなって自分が修理したから返せないという理屈はでたらめではなかろうか。

復元法案は、結審前に国会が解散したため、流れた。それでも公営電気復元運動は続けられ、現物復元から代案解決へと要求を転ずることで、一九五九年の宮崎県を皮切りに、六五年の山梨県都留市で最終的な解決をみている（『公営電気復元運動史』同編集委員会編、公営電気復元県都市協議会、

（一九六九年）。当初めざしたこととは違う形ではあれ、決着がついた。加藤がこの運動に注目していたかどうかはわからない。

戦後の日本は、戦時中の統制経済のシステムを巧みに維持することで経済成長をとげていった。加藤には、そこが呑みこめなかったのかもしれない。歴史社会学者の山之内靖は、戦時期の総動員体制が、階級社会から現代のシステム社会へと移行する暴力的契機であったとし、その移行は世界で同時に起こったことだったという（山之内靖『総力戦体制』ちくま文芸文庫、二〇一五年）。戦時総動員体制は、戦後社会の生みの親なのである。再編成された後の電力業界も、かつてのような自由を取り戻したわけではなかった。

電気事業がいっそう重要性を高めていくなかで、業界になんらかの統制が必要とする考えに反対する者はほとんどいなかった。松永も、政府でなく業界による自主統制を主張していたのであって、自由競争はその統制下で限定的に行われるべきものと考えていた。戦前にみずから繰り広げた熾烈な競争が業界を危機的なまでに衰弱させたことへの反省もあったからだ。

この潮流のなかで、システム社会化からこぼれていくものへの配慮は置き去りにされた。経済的な余裕もなかったといえばそれまでだが、それはつまり戦時中と同じように、今は非常時だという意識のもとに否認されたのである。復興、再建といったスローガンのもと、人々の意識はなお総力戦体制のままだった。自由を賞讃しながらも、統制されない社会に戻ることなど考えられなかった。だから加藤金次郎の主張など埒外なものにしか見えなかった。そして現在の我々にも、そう見える。加藤金次郎という危うい存在は、このような私たちの意識の秘密を照らしだしているように思う。

一九六六年九月一日、加藤は富山市役所の前で自動車にはねられ、翌日に死亡した。八十二歳だった。謀殺との噂もあったらしいが、社会的にはとうに殺されていたも同然だったかもしれない。

四

電力飢饉と電源開発

電力の鬼を退治せよ

一九五一年五月一日、電力再編成によって北海道、東北、東京、北陸、中部、関西、中国、四国、九州の九つの電力会社が発足した。

それからまもない五月十八日、築地本願寺の境内に二千人が集まって、松永安左ェ門に対する怒りの声をあげた。労働組合、中小商工団体、農民組合、婦人団体、また各地区の電気料金値上げ反対期成同盟など、およそ六十三団体が集まり、「松永公益委員長代理の辞任勧告」を満場一致で承認すると、「電気の鬼松永を退治せよ」と書いたプラカードを掲げ、同じ築地にあった公益事業委員会事務局に向けてデモを行った。

怒りの理由は、その二日前、九電力各社が七十六％の値上げを公益事業委員会に申請したことだった。衝撃的な数字だった。当然、怒っていたのは、集まった人々ばかりではない。ほとんど誰もが憤激していた。婦人団体は街頭で値上げ反対の署名運動を行い、新聞は公益事業委員会や松永を痛烈に批判し、産業界からも物価上昇の原因となる公益に反する行いだとして再検討をうながす意見が出される。

今日では松永の反骨の気概を示すニックネームのように使われている「電気の鬼」あるいは「電力の鬼」は、このとき人々が罵って呼んだ仇名だった。デモ隊は「電気の鬼、松永を殺せ！」と激しい憎しみをこめて叫んだ。あくまで退治すべき鬼だった。人々の苦しい生活などかえりみることもなく、電力会社を儲けさせることだけを考えている無情な、いや生き血をすする鬼だった。公益事業委員会の事務局には抗議の手紙が殺到し、山をなしたという。以前から、目的のためには手段を選ばない策士という悪印象が強かった松永だが、いよいよ蛇蝎《だかつ》のごとく嫌われた。しかも批判の集中砲火を浴びながら、松永はその批判を「俗論」と断じて、ますます火に油を注いでしまう。さすがの松永も、鏡で顔をみて「この老人が何をすき好んで、これほどまでに人に嫌われる仕事に精魂を傾けねばならないか」と思うことがあると、嘆きを口にしたことがあったという（小島直記『松永安左ェ門の生涯』『小島直記伝記文学全集 第七巻』中央公論社、一九八七年）。このとき七十七歳だった。

松永としては、それまでの料金が経営不可能なほど安すぎたのであり、まず経営を健全化することが急務だと考えていた。その事情を大谷健『興亡』（白桃書房、一九八四年）は、次のように説明している。

松永は公益事業委員会から、電力需要の伸びを年率八％と想定する「電源開発五カ年計画」を発表した。大胆な数字だった。その伸び率に対応する開発となると、五年間で七千八百四十八億円を投資し、七百二十二万キロワット分の着工が必要だった。松永は日銀総裁の一万田尚登《いちまだひさと》に談判して、外資が電力事業に集中的に導入できるような道筋をつける。ところが九電力会社の経営はまだ脆弱で、じつのところ外資が入れられるような状態ではなかった。松永がどれほど憎まれようとも値上げを強行したのは、急いで九電力会社を外資導入ができるほどの経営状態にする必要があったからだったという。

経営状態を改善して外資を導入し、電源開発を進め、電力を豊富に使えるようにすれば、他の産業も再建できる。だから値上げは必要だと松永は割り切り、反対する意見を「俗論」と切って捨てたのである。

今日では、これは正しい判断だったと評価されている。とはいえ、それは結果から見ての評価であって、その当時の人々には、電力業界さえよければいいという独善的な態度としか思えなかった。庶民の多くが困窮にあえぐなか、生活へのダメージは大きかった。電気料金だけでなく、連動してほとんどの物の値段も上がることになる。電力会社の経営状態をよくするために、その負担を皆が負わねばならないのか。以前から伝えられてきた松永の専横ぶりや贈賄の噂への反感もあって、松永は電力業界を私物化している、という批判が高まっていく。憎しみは電力新体制に対しても向けられた。電力再編成は電力会社を私物化するために行われたことだったと思われたのである。

あまりの批判の高まりに、それを強権的に押し切ってしまうことを懸念したＧＨＱが介入し、値上げは平均三十％に留められた。

四

1949年、電気事業再編成審議会長の松永安左エ門

値上げが認可されたのは八月十三日だったが、それからまもなく、渇水による電力不足が起こる。公益事業委員会は全国に、産業用電力の午後五時から十時までの使用禁止、週二日停電、大口需要家の四割制限などの法的制限を発動した。

値上げしたくせにと、人々の不満はいっそう募った。ところがその翌年の春、またしても値上げを発表するのである。もちろん批判の大嵐となった。新聞記者から政府が値上げに反対していると言われた松永は、「そんな政府ならぶち壊してしまえ」と答え、それが報じられたことからまた騒ぎが大きくなる。国会に呼び出され、記事の内容は事実なのかと問われると、言った通りだ、趣旨にも間違いはないと応じて、議員たちを呆れさせたという（松永安左ェ門「電力再編成の憶い出」による。議事録にはみあたらない）。

「結果から言うと、賛成者がホンノ一部の学界を除いて全くなかったからこそ二度の値上げができたといえる。つまり私一人が悪者になれば済むからだ」（「電力再編成の憶い出」）と、格好いいことを松永は書いているが、実際、松永は国民の怨嗟を一身に集める存在となった。二回の値上げで、電気料金はあわせて六十六・五％平均の上昇である。値上げによって電力会社の株価は高騰し、公益事業委員会とは資本家の擁護者なのかとの批判もされた。

そうして松永憎しの声がさらに高まるなか、秋になるや、昨年以上のひどい渇水にみまわれてしまう。またしても電力飢饉だ。

大幅な値上げをするたび、すぐ後に停電が続いたことには、さすがの松永も「需要家には迷惑をかけ、私としてもバツの悪い思いはあったが、生きた経済社会とはそんなものである」と、やや苦い思いを漏らしている（「同前」）。松永や公益事業委員会、電力会社に対する批判はいよいよ強まり、吉田茂も「これでは公益委ではなく私益委だ」と非難した。

むろんその一方では、電力の安定、拡充を急げという声も高まる。それは値上げへの批判と矛盾する要求だ。しかし、その頃は日常的に停電があり、毎年のように秋、冬の渇水期には「電力飢饉」にみまわれ、電力使用を制限されていた。それなのに値上げ？　という不満は、値上げへの怒りにもなれば、とにかくちゃんと供給しろという要求にもなったのである。

四

敗戦後の電気余り

ここで少し、敗戦からそれまでの電力事情をたどってみたい。

じつは敗戦直後、電力はむしろ余っていた。

激しい空襲によって各地が壊滅的な被害を受けていたにもかかわらず、電力とガスの供給設備の被害率はわずか十一％ですんでいた。火力発電所は全国で十一カ所が被災し、戦災前に発電可能だった出力百五十万キロワットのうち六十六万キロワットを失っていたが、水力発電所は山間部にあるのでさほど被災していなかった。ただ、ろくにメンテナンスもできないまま酷使してきたため損耗はひどく、しかも耐用年数をすぎた施設が半数に達していた。被災をまぬがれた火力発電所も同様だった。加えて変電所や電柱、電線、変圧器などの送、配電設備の被害、損耗も大きかったので、実際に供給できる電力となると、やはり激減していた。

ところが、それでも電力は余っていたのである。使うところもなかったからだ。

都市部の家屋や街灯の多くが焼失し、工場も多くが被災していた。無事だった工場にしても、戦時中にほとんどが軍需工場にされており、資材がないため民生用への設備転換もできないまま、操業を停止しているところが多かった。工場は閉ざされ、夜の町はまだ暗く、敗戦した一九四五年の電力需要は、一九四三年の六割くらいしかなかった。それまで日発が入手に苦労してきた火力発電用の石炭の備蓄を、生産復興用にと他へ回させられるほどだった。

そこで日発や配電各社では、電気で塩を作ることにした。塩は専売制だったので民間での製塩は許されていなかったが、塩不足が深刻になっていたので特例として認められたのである。日発では、全国各地の海岸や運転休止中の発電所構内で製塩を行った。製塩には非常に大きな電力を必要としたので、専売局に供出すると赤字だったが、それでも作る価値があった。

その頃、塩はきわめて貴重だった。電力会社が作った塩は特例で自家用に使用することが許可されており、従業員にも配給されたので、社員はそれを売って暮らしの助けにしたという。横流しされた塩が闇物資として摘発されたこともあった。一九五〇年十一月十六日の国会の考査委員会では、日発が塩を横流しして蓄えた金が電力再編成問題の運動資金に使われたのではないかと追及されている。問われた日発の総務理事は、すべて大蔵省に納入したと主張しているが、『日本発送電社史』（日本発送電株式会社編、一九五四年）には、日発で製塩が行われた約三年間の全生産量は一万四百二十トンで、そのうち三千四百四十八トンを専売局に供出し、二千七百十七トンを専売局に承認された大口消費者に売り渡したと書かれている。あと四割

四

ほど残っている計算だが、「その他は最も必要とする方面に使用され、従業員の家庭にも配給された」とある。使途は不明だが、表に出せない資金源には十分なりえたようだ。

それはさておき、この電気余りを解消するため、農事の電化や、一般家庭にニクロム線の電熱器の普及をはかるなど、需要の開拓がはかられた。木炭もガスも不足していたから、電熱器は重宝された。アメリカからの援助物資である小麦粉を水に溶き電流を通して焼く、電気パン焼き器も人気になった。

なにしろ当時の電気料金は安かった。戦後の激しいインフレーションによって、一般の物価が戦前の百倍、二百倍とはね上がっていたなか、国家管理された電力の公定価格は数十倍程度までに低く抑えられていたからである。そうでなくても木炭やガスが不足しているところに、それより安かったので、電熱器だけでなく、電気風呂を備える家も増えた。工場でも、ボイラーを電気式に替えた。製鋼、製鉄工場は電気炉に、肥料工場はガス法から電解法に転換し、さらに炊事、浴場、暖房にと、どんどん電気を利用するようになっていった。自家発電の設備をもつ工場でも、石炭を買って発電するより電気を買うほうが安いので、発電しなくなったという。炭鉱ですら、掘り出した石炭を発電に使うより、電気を買って、その分の石炭を売ったほうが儲かった。それで後に電力不足になったとき、自家発電のできる工場に発電してほしいと要望すると、それなら差額を補償しろと要求されたりしたという（『日本発送電史』)。

変圧器隣組の勧め

むろん、このような電気余りは、わずかな期間のことにすぎない。翌年には、家庭用の電灯や電熱の電力需要は戦時中の三倍にまで高まり、産業界の需要も徐々に増えていった。ついでに盗電も激増し、全需要量の一割におよんだという。そこに渇水期を迎え、とたんに電力不足が始まったのである。

鳥越皓之『地域自治会の研究』(ミネルヴァ書房、一九九四年)には、一九四六年から翌年にかけて東京都北多摩地方事務所から西府町宛てに出された町内会・部落会に関する資料が収載されているが、そのなかの一九四六年の「十一月東京都徹底事項」という通達には、「発疹チフスの予防に努めませう」という項目とともに、次のような要請が記されている。

> 一、変圧器の隣組を作りませう
> 冬を迎へるといふのに炭もガスも足りませんのでいきおひ電力にたよりたくなります。ところが今冬は非常な電力不足が予想されてゐますのでこれも極度に節約し

四

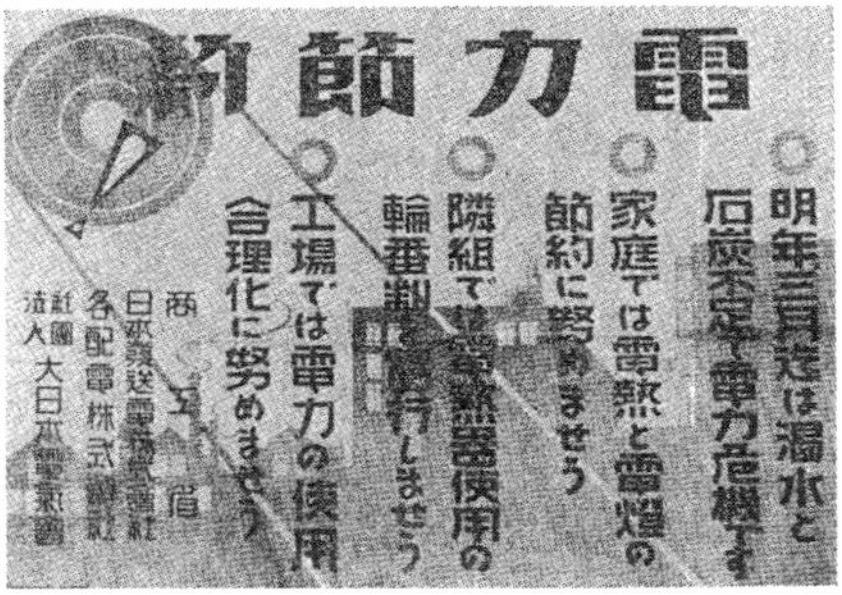

1946年12月16日『日本電気新報』に掲載された節電を訴える広告(『東京電力三十年史』より)

> なければなりません。そして一方変圧器が足りませんので各家庭が思ひのまゝにつかっているのでは電力が弱り或は変圧器が焼けて停電しお互が非常な不便を致します。そこで自分の家へどの変圧器から配線されてゐるかを調べ、その変圧器から配線されてゐる家同士の「変圧器隣組」をつくりお互に使用時間等を相談で定めて、明るく暖かく楽しく節約して電力を使ふことに致しませう。
>
> 尚変圧器隣組の作り方については詳しいことは関東配電振興課奉仕係或は最寄関東配電出張所に相談して下さい。

変圧器をともにする家々で電力使用を配慮しあうことを、戦時中に住民の互助や相互監視に活用された隣組にならって、「変圧器隣組」と呼んでいるのである。電力不足という危機を、これまで同様、皆で我慢しあって乗り切りましょうという要請の意味をこめたのだろう。

しかし、この名称はじきに使えなくなったと思われる。占領軍は、町内会や隣組のことを総力戦を支えた末端組織とみなして規制しようとしており、温存しようとする政府との綱引きが続いていたのだが、この翌年の一月十七日には、隣組、町内会・部落会およびその連合会の廃止が占領軍から命令されたからだ。

町内会のほとんどは、街灯保持や衛生、親睦などを名目とする団体名に変わって存続し、占領が解除されてから町内会に戻っているから、それほど徹底した禁止だったわけでもないようだが、変圧器隣組もその名のままというわけにはいかなかっただろう。いや、もしかしたら名称だけが問題ではなかったかもしれない。『東京電力三十年史』によると、「電力不足に対応して、まず関東、関西地区で、需要家による自主的な電力節約運動の組織として電力自制会が組織され、全国的に拡大する気配をみせた。しかし、GHQでは、需要家が電力の管理を自主的に行うことに反対し、そのためこの自制会の運動は自然消滅してしまった」というのである。GHQは、消費の抑制によるのでなく、事業者の経営努力によって解決することを求めたようだが、自制会が戦時中の隣組のような組織になることを警戒したのかもしれない。

じきに電力不足はもっと深刻になり、緊急遮断などの法的な措置をとらざるをえなくなる。戦時中の電力飢饉のさいに施行された「電力調整令」は、この年の九月末で失効したが、使用制限をしないわけにはいかない状況だったので、代わって内閣・商工省令として「電気需給調整規則」が公布・施行された。告示すれば電力使用の制限ができることや、電気を使う

四

設備の新増設を認可制とすることなどが決められ、制限に違反した者に供給停止措置を取ることもできるとされたのである。これに従い、各地で電力制限が行われた。

そして翌年の秋にも、まれに見るほどの大渇水にみまわれる。あいかわらず修理用資材の不足などから設備は満足に整備できておらず、しかも石炭も不足していた。電気使用量の多い夜間は電圧を大幅に下げざるをえなくなり、電灯がほの暗くなったことから、「ローソク送電」と呼ばれた。さらに厳しくなると、緊急遮断や輪番停電が行われ、休電日も週一日から二日、ときには三日と増えていった。

このような電力事情は当然ながら、産業に大きなダメージを与える。対策が急がれ、十月には前年に施行した「電気需給調整規則」を改正し、使用量の割り当てや超過加算料金の徴収ができるようにした。衆議院は「電力危機突破に関する決議」を行い、政府はその趣旨にそって十一月に電力用資材・資金の優先確保、発電所補修の繰り上げ実施、火力用炭の確保、自家用発電の動員強化などを推進する「電力危機突破対策要綱」を決定する。

先にGHQが反対したことを記した「電力自制会」も、この要綱で「電力危機突破国民運動」の一環として組織された地域的協力機関だった。この運動の本部である「電力危機突破対策本部」は商工省内に設けられた。

十二月四日の『大阪朝日新聞』に掲載された、水谷商工大臣に電力危機の見通しを聞いたインタビュー記事に、当時の自制会への期待のあり方がうかがわれる部分がある。

割当枠を示しても現実にはそれだけ供給できないのであれば、送電を維持できるぎりぎりの使用量を示すことはできないのかという記者の問いに、水谷が「国民の協力という裏付けがなくてはできない」と答えたところから、自制会の話になる。

問　自制会が国民協力の現れではないか。これをもっと積極的に盛りたてて停電解消という一大国民運動にまでもって行けないか。

答　出来るだけ育てあげ区域も広げるようやって行きたいと思い、予算を考えている。

問　見通しはどうか。

答　結論は分かっている。このままほっておいては中小企業を倒すか国民生活を暗ヤミに追込むか、どちらかだ。日々の国民生活にひびく問題だから片山内閣の命取りだ。和田安本長官ではないが全力を尽してあとは雨を待つしかない。

GHQが自制会に反対したのは、おそらくこのように危機を「一大国民運動」という翼賛会的な対応で乗りきろうとする姿勢に懸念を覚えたのではないだろうか。ただし自制しよう

四

がしまいが、電力使用は制限された。この年の十一月の全国の電力使用制限率の平均は約二十%。十二月にはさらに厳しくなって、東京都下では八十の工場のうち約半数が隔日停電とされ、各工場の電力不足率は三十三%に達した。家庭、そして商店でも一戸一灯が奨励され、電熱の使用は禁じられた。

十一月二十二日の『福島民友新聞』には、東北の電力事情が日々、予想以上に悪化していることが伝えられている。昼間の点灯と電熱器の使用が禁止され、東北六県それぞれの県別使用電力量の割り当てをオーバーした県では、たとえ炊飯時であっても送電がストップされる。オーバーしていなくても、午後十時から深夜二、三時までは停電だ。各家庭では、戸別の割当量を超えて電気を使った場合、一キロワットにつき十五円の「罰金」を取られることになっていた。超過加算料金のことだろう。しかし「例年になく寒さが厳しく、薪炭の配給が順調を欠き暮を前に燃料のヤミ値もはねあがったので使用禁止とはいいながら街で売っている電熱器を購入使用しているため、午後七時ころ急激に使用電力が増加している」という。いくら禁止と言われても、背に腹は代えられなかったのだ。

この翌日の『新潟日報』では、「ギリギリ一ぱいに追いつめられた電力制限で今日から皮肉にも文字通り〝ヤミ生活〟を地でゆく格好になった」という書き出しで、電力に頼る業者の悩みを紹介している。風呂屋は、ストックの石炭やヤミの薪で営業するしかないが、ヤミの燃料は高すぎ、電気専用式の釜の風呂屋もあるので、完全休業しているところもあるという。映画館は電休日が増えるにつれて大きく減収。パーマネントは「一人にざっと一時間半はかかる商売だけに万事休すの形」。工場への動力電気はついに週に一日だけの送電となり、「全く産業の再建も何も立たぬとゴウゴウたる反響をまき起こしている」。長岡市の工場では自主的に電力自粛の運動を開始したばかりだったが、「こんなことになるのがわかれば今まで真面目に節電に協力し夜間九時以後の作業をしなかったものがバカをみたと非難の声が高い」。かくして電力自粛運動はご破算となった。また、少しでも操業したい工場が石油発動機を求めたので、その価格が高騰しているという。印刷所も僅かな時間しか稼働できないため、鉄道の切符が大幅に不足する事態になっている。駅間の電話連絡もできず、運行の支障も出ているという。

十二月四日の『読売新聞』によれば、東京近郊の電車は十二月一日から二割の減車をしていたが、さらに郊外電鉄六社、都電、地下鉄、横浜市電が協議し、電力使用のピーク時には輪番で三十分ずつ緊急遮断を行うことを決めた。

また「うらみ骨髄」という見出しで、電力不足のために肥料や生糸の生産量や品質ががた落ちになっていることを伝えているのは、十二月二十三日の『信濃毎日新聞』である。

このような事態が、秋になるたび訪れた。翌年の一九四九年にも、電力飢饉はやってきた。

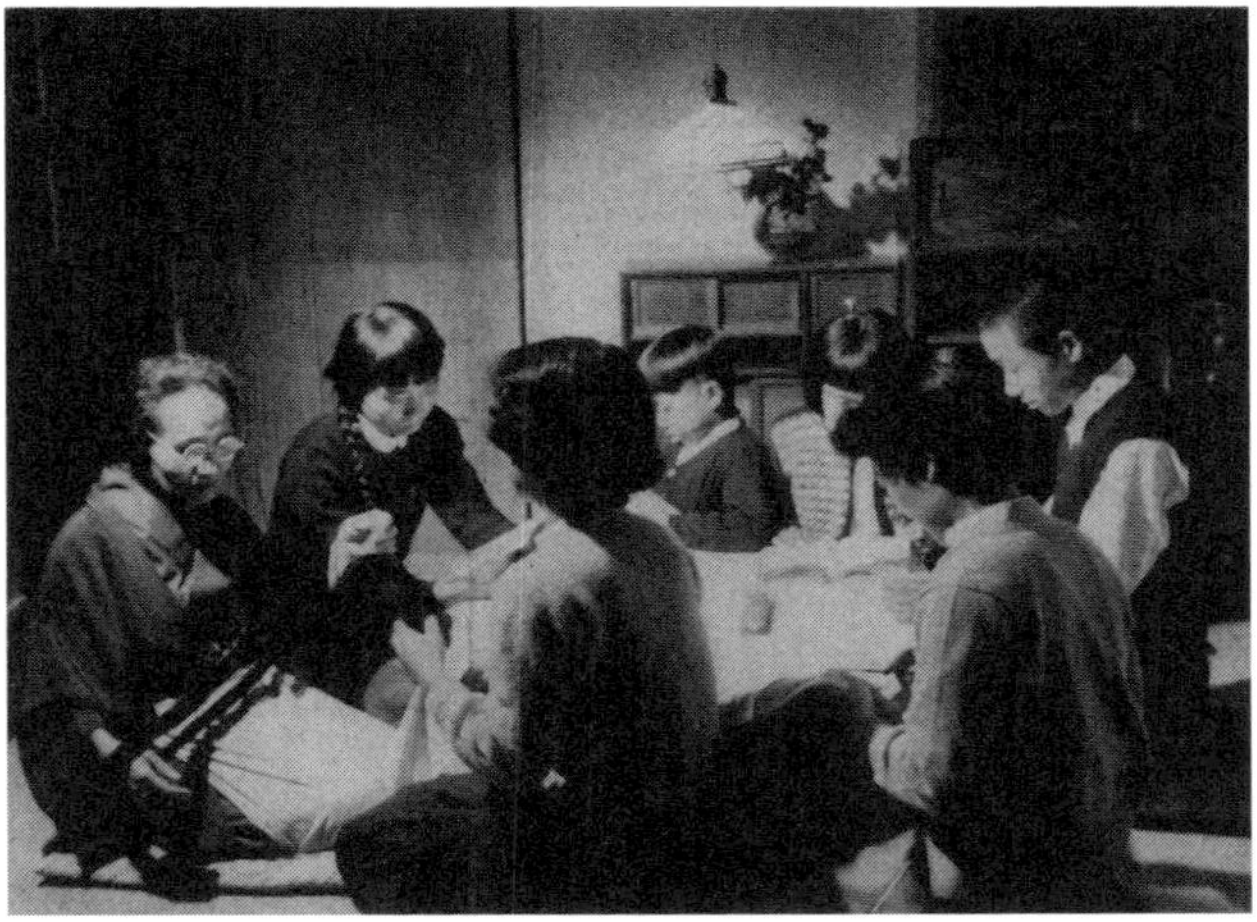

電灯一つですますため、家族全員が一部屋に集まってすごす
(『東電グラフ』1953年12月号より)

十一月六日の『読売新聞』は、「しばらく忘れていた停電騒ぎがまた復活して、各家庭ではたのしい夕食時に不快な気分を味わわされているが、世の中一般が明るくなりかけてきたときなので今年の停電騒ぎは一層暗い印象をうける」と記し、諸産業への影響を紹介している。

農業の電化を進めていた農村では、電力事情にあわせて深夜に作業せざるをえないため、過労が目立ち、また生乾きで脱穀することになって品質にも懸念があるという。化学肥料の硫安《りゅうあん》(硫酸アンモニウム)を生産する昭和電工の川崎工場では生産量が六割近く減り、その他の全国十六工場では四割減少したという。このこともむろん農家に影響する。また漁業も、停電で冷蔵会社の製氷量が激減し、遠洋漁業の出航を見合わせざるをえない状態になっていた。

電力不足は、毎年のように訪れた。渇水期でなくとも、台風などの災害、また設備の老朽化や整備不足などが原因の停電も多かった。当然、各界からの批判や、発電所の改良整備、新電源の緊急開発などを要求する声が強くなる。

しかし、いくら批判や要求が重ねられようと、電力不足は繰り返された。

電力再編成問題がスキャンダルまみれになりながら議論されていたとき、電力供給の実際はこのようなありさまだったのである。一九五〇年は珍しく豊水だったが、九電力会社が発足し大幅値上げをした五一年、そして二度目の値上げをした五二年も、深刻な渇水となり、厳しい使用制限が行われた。

値上げをしても、すぐに電源開発して安定供給できるわけではない。新電力体制への批判は高まるばかりだった。

電力の鬼、苦戦す

電力再編成のとき一社化案を主張していた陣営は、敗者復活戦のチャンス到来と見た。

松永、そして新電力体制への批判が高まっている機会をとらえ、一九五二年三月、政府の資金で大規模開発を行う特殊会社を設立することなどを定めた「電源開発促進法」と「電源開発会社法」の二法案を国会に提出したのである。

特殊会社は、大規模な電力開発だけを行い、完成した設備は電力会社に譲渡して、一通りの開発が終わる予定の十年後には解散するという、開発に特化した国策会社とされた。その法案には、公益事業委員会が持っている権限を官僚に奪い返すという目的もあった。電気料金値上げへの不満から、政府が業界を管理すべきだという世論が高まっていたのに乗じて、占領解除後の八月には公益事業委員会を廃止すると閣議決定したうえで、この法案を通して電力行政権を官僚の手に取り戻そうとしたのである。それはかつての内務省企画院の職員を多く引き継いだ経済安定本部、つまり統制経済を理想としていた人々によって策定されていた。法案の前提には、民間電力会社に大規模な電源開発をすることは無理だという主張があった。

発案者は、このときの経済安定委員長で、法案作成から会社設立、経営まで深くかかわることになる佐々木良作だった。佐々木は、電力業界の労組、電産協から推されて参議院議員になり、再編成問題では日発の分割反対を主張して敗北した。だから、この法案で「電力再編成での負けの穴埋めをするつもりでした」と語っている（『「一票差」の人生――佐々木良作の証言』朝日新聞社、一九八九年）。

敗者復活戦だったのである。ただし電産（日本電気産業労働組合）はこの法案には反対した。電源開発を急ぐのは軍事目的だと考え、大規模電源開発そのものに反対していたからだ。ただ電産は一枚岩でなく、賛成する右派もいたので、この問題では電産はあまり大きな力にならなかったという。

松永安左ェ門はもちろん、猛烈に反対した。宿敵ともいうべき国家管理を復活させる案だからである。電力会社で共同会社を作れば大規模開発もできると主張し、数社が地域・水系ごとに開発するという案を、公益事業委員会案として発表する。いちはやく既成事実化をはかって、東京電力と東北電力で只見川開発会社を、東京電力と中部電力で天竜川開発会社を、それぞれ設立する準備を進めたりもした。ただし松永としては、当初は法案の問題点を事実として指摘し説明したのを、提案者や世間が反対していると受け取ったにすぎず、実際に反対運動を行ったのは審議の最終段階の短期間だけだったと書いている（「電力再編成の憶い出」）。当初、合理的にみれば通る法案とは思われず、反対者も少なくなかったので、松永は楽観していたらしい。

他にも、分割は失敗だったとして完全国営による発送配電一本化案を唱える社会党案や、特殊会社を金融的な機能に限る白洲次郎案などもあったが、大きくは経済安定本部案と公益事業委員会案との二派の対立だった。つまり先の再編成問題のときと同じ構図だった。ただし今度は、吉田茂は松永の敵である。経済安定本部案が自由党案として国会に提出された。こ

四

のとき自由党は絶対多数をしめていたから、確実に通せるという自信を持っていた。しかし一方では、破壊防止法をめぐる紛糾から政治的には厳しい状況にもあったので、早々にこの法案を通してしまいたいという事情もあったという。

大谷健『興亡』によると、この法案を中心になって推し進めたのは、大野伴睦とその一派だった。大野のバックには土建業界がおり、この人々にとっても再編成問題の敗者復活戦だった。

しかし再編成問題のときは、大野派が分割に反対して政党内に激しい対立があったとはいえ、分割民営化を強行したのは自由党の吉田内閣である。その自由党が、今度は反対に官の統制を復活させるような法案を通そうというのである。いったいなぜか。自由党の利益のほかに理由がみあたらないではないか。党利党略だけが狙いの法案だと、冷ややかに見る人も多かった。

法案通過に奮闘したのは、大野派の水田三喜男、神田博、福田一ら、九分割反対のときにも先頭に立った議員たちだった。松永の見立てによれば、国家資本主義の考え方を持っていた人々である。

法案提出の前年の一九五一年九月八日に講和条約が結ばれていたが、GHQは十月二十九日に公社案は民主化に逆行するものだという声明を出し、国会への法案提出を許さなかった。

そこで水田三喜男は、愛知揆一《あいちきいち》、神田博、福田一とともにESS（経済科学局）の電力担当官エアスのもとに折衝にいく。

水田三喜男は、このとき自由党の政調会長で、大野派ながら吉田派の池田勇人とも親しかった。自由民主党でも政調会長、通産大臣、大蔵大臣などを長くつとめ、戦後日本の経済政策の重要な局面を舵取りすることになる人物である。

エアスは、彼らの案を頑として認めなかった。それどころか、みずから対案を示して、それを国会に出せと迫った。水田は対案の受け取りを拒否し、口論となるが、そのうちエアスが「これは自由党の選挙費用を稼ぐための法案だ」と痛いところを突く。すると水田も負けじと、「電力問題では司令部こそ賄賂行政ではないか。一部の日本人利権屋と組んで、誤った先入観に基づいて指導されては迷惑だ」と言い返す。ESSが松永らと深いつきあいであることをストレートに批判する発言だ。水田の言葉に、司令部の人々は激昂して総立ちとなった。互いに「侮辱だ」「取り消せ」と言い合ったあげく、エアスは「四十八時間以内にこの対案を受け取らないなら、占領軍に対する反抗とみなす」と宣告した。

当事者たちが互いに、賄賂や利権で動いていると言い合って喧嘩しているという、コメディのようにさえ見える場面である。

だが占領末期とはいえ、GHQへの反抗とみなされた場合には、追放どころか銃殺となる

四

可能性もあったという。水田は、吉田茂に相談する。吉田は「とことん喧嘩しないと仲裁はできない」と言った。喧嘩が足りないというのである。そこでもう一度、司令部へ向かった。するとエアスは水田に、『朝日新聞』の記事を示し、「自由党は與論調査のたびに人気が落ちている。自分たちの意見に従えば人気は維持されるだろう」と、さっそく嫌味をぶつけてくる。水田は、「あなたの間違った偏見と争うことで自由党の人気は一変して百%になるだろう」と応酬し、ふたたび口論となった後、エアスは「もう会見は無用だ。ただ四十八時間を待つだけだ」と最後通牒を突きつけ、議論は打ち切りとなった。

期限が迫った頃、水田はあるホテルに呼び出される。そこでマッカーサーの後任であるリッジウェイ将軍から、「司令部の負けだ」と告げられた。独立を前にした日本の国会には介入しないよう本国政府から指示されていると言って、自由に法案を出すことを承認されたのである。この急展開について水田は、おそらく吉田が仲裁に動いてくれたのだろうと感謝している（水田三喜男「吉田総理を偉いと思ったこと」吉田茂『回想十年　4』中公文庫、一九九八年）。

こうして三月二十五日に法案は提出され、議論は国会に移った。自由党が自信をもって主張したのは、政府資金を営利目的の私企業に入れることはできないということ、そして外資は政府の後ろ盾のある特殊会社にこそ安心して投資するだろうということだった。

ところが、どちらもあっさり国会の議論で否定される。政府はすでに建設業などの私企業に莫大な補助金を出していた。また、所有権がすぐに移動してしまうような設備には抵当権が設定できないし、いずれなくなる会社に、外資が入るわけがない。経営のしっかりした私企業にこそ出資するものだと、実例をあげてきっぱり反論されたのである。

すると自由党は思いがけない手に出た。それなら特殊会社も収益があがって永続性のある企業にすればいいわけだろうと、開発後も発電設備を保持して電力会社に電力を卸売りできるようにしたばかりか、火力発電所まで所持できるように法案を修正したのである。野党の民主党議員に石炭業界の関係者が多かったので、その賛同を得るためだったという。これではいよいよミニ日発の復活である。

この法案に賛成したのは、たとえば電力の大手需要家だった。

再編成委員会の時以来、特権的な受電コースを作りあげて、電力を安く買おうという一派がいたことを再三いってきたが、鉄鋼と石炭の両業界は、この点で同じ考えを持ち互いに一派通じていたのは事実である。（「電力再編成の憶い出」）

鉄鋼業は日本鋼管を例外として明治以来ずっと官営企業だったからしかたがないにしても、民間企業でやってきた石炭業界が電力業界には国営的なものが必要だと主張することに、松

永は自由経済思想にもとるではないかと立腹していた。なかでも三井鉱山の社長、山川良一が法案に賛成し、おまけに新聞にあれこれと松永について話していることに怒りを抑えきれず、知人の多かったガス業界の人々に「三井鉱山の石炭を買うな」と書いた名刺を配った。山川がこのことを人に相談したことから、問題となる。名刺に『公益事業委員会委員長代理』という肩書が書いてあったからだ。『公務員法違反』と『私権侵害』にあたる行為だった。しかし岡崎勝男官房長官の兄が松永の古くからの友人であったことから、岡崎が自由党の総務会長の保利茂《ほりしげる》とともに動いて「どうにか政府と党のほうは押さえてくれた」が、「この両君からは、『じいさん、もう少しお手柔らかに……』と叱られた」という。「これは背後で吉田茂さんが尽力して下さったことであろう」と、松永は書いている。

騒ぎが大きくなったため、山川は後に詫びを入れてきたという。東京ガスの常務の仲介により、築地の料亭で懇談したが、松永はまず山川を責めた。

「巨大産業は電力購入について特殊扱いをすべきだとの考えがあるが、これは特権意識であり、事大主義である。税金で電力を作って自分らが安く買おうとするのは悪資本主義で、自由主義者の僕には我慢がならない。君などは頭の一つや二つ殴ってやらんとわからんだろう……」

こう迫る松永に、山川が「お爺さん、私は柔道五段、剣道三段」と自慢し、「あなたはすでに八十歳に近い人、私はまだ五十代、腕力では負けませんよ」と言い返した。途端、松永は山川の目の前に拳骨を突きつける。驚いて思わず眼をつぶった山川に、「ソレ見ろ、何段といっても役に立たんだろ。僕が本気だったら君の眼はツブれているんだ。喧嘩は気力でやるもんだ」と言ってやった、という武勇談を松永は得意げに記している。

山川とはそれから大いに飲んで和解となったのだそうだが、法案への反対はうまくいかなかった。松永には、もうGHQの後ろ盾はない。この件では助けたらしい吉田茂も、対立する相手だ。しかも松永のスキャンダル記事が新聞に躍った。「電力再編成の憶い出」によれば、七月七日の『毎日新聞』に「電源開発法　握り潰しの陰謀暴露　参院や電産労組へ数百万円バラまく　土建業者と躍る松永機関」という記事が出たという。法案に反対していた議員らが、松永から買収されていたとする記事である。松永からすれば理屈にあわないナンセンスな記事だった。

電力産業の労組電産の代表であった栗山良夫参議院議員は、国会で反対の先頭に立って質問に立っていたが、自分が収賄したという報道に激怒し、これは法案を通すためのデマ記事だと主張して毎日新聞に強く抗議した。

この件について『この自由党!』は、「参議院、電産労組方面へ数百万円の反対運動資金をばらまいた」と断定している。

四

「五月末松永は芝白金の般若苑に電力関係土建業者を招待して五、六百万円の金を集め、この金をもってまず参議院緑風会の結城安次、奥むめお、小林政夫等に働きかけた。六月十日、三田の料亭『桂』で結城、奥、小林、松永、松本蒸治等が会談した翌々日の十二日、奥むめおは参議院で電源開発促進法案を骨ぬきにする修正案を提出している」

また、電産を反対運動に巻き込むため、栗山良夫に百万円を渡したという噂のあることや、電産の中央執行委員会で、二人の常任委員に栗山が法案に反対する約束で十万円ずつ渡したと暴露されて大騒ぎになったということも記している。具体的な店名まで記されていて、いかにも本当らしく見える。

しかし、少なくとも電産の件については、佐々木良作が書かせたデマだった。佐々木が電源開発会社を作ろうとしているから反対しなければならないと電産で決定した一か月後、『毎日新聞』に電産役員の実名入りで「配電系の役員から金をもらって反対しているなどと悪口のかぎり」が書かれたが、それは佐々木良作が記者に話したデマであると、本人も認めたという。電産は五十万円で毎日新聞と和解したそうだ（小川照男の証言『聞書 電産の群像』平原社、一九九二年）。

デマの出所は、佐々木だけではなかったようだ。松永は、当時は水田や福田のしわざだろうと思い、「なかなかの知恵者だと実は感心」していたというが、「必ずしもこの人達が発案者ではなかったらしい」と書いている。先の山川とのエピソードがこの一件について記された中にはさまれているので、山川がデマ元かという印象も受けるのだが、はっきり誰とは書かれていない。

このようなデマ工作がいくらでもあったとすれば、事実は容易にわからない。松永によれば『毎日新聞』に訂正記事は出たらしい。しかし、それでもこのデマには「大きな効果があった」と、松永は記している。法案反対者を「シュンとさせてしまったのみならず、渦中にいることを避けようという空気が決定的になってしまった」というのである。反対すると松永の金に買われたと疑われるのではないかという恐れに支配されてしまったのだろう。この新聞記事が「反対派に対する致命傷であった」と松永は言う。情報戦で松永は敗北を喫したようだ。

四か月間の審議を経た七月三十一日、二法案は数にたのんだ強行採決で可決され、即日公布された。

翌日、公益事業委員会は廃止され、電力行政の権限は官僚の手に取り戻された。

しかし、公益事業委員会の解散にあわせて、松永は財団法人電力中央研究所を設立して、その理事長になる。この研究所は、九電力会社から電気料金収入の〇・二%を供出させることになっていた。公益事業委員会でこの仕組みを作っておいたのである。資金は莫大で、かつ増大する一方だ。この研究所で松永は、「火主水従」という今後の電力業界についてのビジョン(「松永構想」)を打ち出して通産省に衝撃を与え、さらに「産業計画会議」というシンクタンク的な会を主宰して産業界全体に関わる構想や東京湾埋立てなどの都市計画を提唱するようにもなる。ちっとも負けてなどいなかったのだ。

ダム建設と大野伴睦

電源開発促進法によって設立された電源開発株式会社(電発)の事務所は、文京区小石川の、元日発の社屋に置かれた。あからさまに日発の再生だった。

最初の仕事は、天竜川の佐久間ダム建設となった。その建設が決定されると、電源開発促進法案を推進してきた大野伴睦は、「天竜川水系総合開発協力会」なるものを設立する(町村敬志『開発主義の構造と心性』御茶の水書房、二〇一一年)。

この団体について、一九五四年三月二十二日の衆議院予算委員会で、田中一議員が質問している。

「佐久間ダムにおきましては現国務大臣の大野伴睦君が天龍総合開発協力会なる団体を持ちまして、三県十三町村をまとめましてそうして補償料の交渉をやっております。その理事長として当面の事務をやっておりますのは前建設大臣の野田卯一君でございます。この点につきましては、経審長官並びに建設大臣は承知していらっしゃいますかどうか、伺いたいと思います」

法案の推進者が、その法によって設立された会社の行う開発事業の補償料交渉を仲介する団体の会長だというのである。

佐久間ダムの補償費用は九十億五千万円に及んだ。個人補償よりも大きいのが、県や市町村に対する公共補償だった。漁業やいかだ流しなどへの補償、道路、橋、学校、官公庁の建物などの増築、新築、水道、消防などの諸設備の設置・整備と、要求はさまざまで膨大だったが、その多くが土木工事、建築工事を要する。そのまま公共投資のようなものだった。仲介役は、リベートばかりでなく、地元や関連業界への政治力の強化も期待できただろう。

「通産大臣に伺いますが、あなたは電源開発会社の監督権をお持ちだと存じますが、

四

少くとも現職の大臣が地元側に立って電源開発会社と補償の問題について交渉するというすがたがよいか悪いか、殊にその理事長として現地に乗り込んで、地元の人間と常に会合を持っておるところの前々建設大臣野田卯一君のすがたが妥当であるかどうかを伺いたいとおもいます」

この問いに、愛知揆一通産大臣は「誠に申訳ございませんが、私はその協力会議なるものの実体を把握しておりませんので、これは調査いたしてからお答えすることにいたしたいと思います」と応じただけだった。調査すると言っているが、議事録を見る限り、その後に国会でこの件が取り上げられることはなかったようだ。このとき大野は、北海道開発庁長官でもあった。

佐久間ダムは一九五六年に完成し、その翌年、天竜川水系総合開発協力会は日本ダム協会へと改組する。版図を全国へと広げたのである。会長は引き続き大野伴睦。そしてこの年、大野は、二年前に自由党と民主党が合併して結成された自由民主党の初代副総裁に就任している。保守合同のさいに大野は重要な役割を果たしたが、金も多く必要だった。当初から電源開発促進法は自由党の選挙資金の獲得が目的だと言われていたが、自由民主党誕生の一助ともなったのかもしれない。

町村敬志『開発主義の構造と心性』は、次のように記している。

> 佐久間ダムの建設過程を詳細に追いかけた日本人文科学会の調査によれば、『佐久間ダム補償においては、天竜川総合開発協力会のような〃用地屋〃的団体の介入は排除された』とされる。しかし、開発が次第に国策化していくにつれ、やがて膨大な政府資金が多数の開発プロジェクトや公共事業へと投入されていく。開発協力という名の下に政府、地元自治体、個人、企業の間を介入することによって、自らの政治的影響力を確保することは、以後、開発主義体制下における保守政治家の基本的な行動様式となっていった。のみならず、こうした仲介や「用地屋」としての役割を果たすことを通じて政治資金を蓄積した政治家が、高度成長期において政権党の派閥領袖へとやがてのし上がっていく。

日本人文科学会の佐久間ダム建設の調査報告『佐久間ダム』は未見なのだが、定評ある研究らしい。だが「〃用地屋〃的存在」と断じられている天竜川水系総合開発協力会が「排除された」というのは、真に受けにくいだろう。協力会は何も活動しなかったというのだろうか。どれほどの領域から「排除」されたのか。国会で補償料交渉の仲介をしていることが問題とされたので、表立った活動は控えたのだろうか。いずれにせよ町村の言う通り、保守政党が開発事業を資金源とすることは政治風土となり、常識とさえなっていったのである。

四

五

次男坊と原子力

電源開発と満州

電源開発促進法が可決されてから、電源開発株式会社（電発）の設立までには、わずか二か月半しかなかった。ところが、総裁のなり手がみつからない。自由党の資金源とされるような会社の総裁になっても、まともな経営などできるわけがないからと、就任を打診された人たちはみな断ったという。

ようやく引き受けたのは満州重工業株式会社の総裁だった高碕達之助で、人事や経営に政府が口出ししないことが就任の条件だった。

満州重工業は、日産コンツェルンの本社であった日本産業が満州に移転したもので、満州事変を引き起こして満州国を作った関東軍参謀、石原莞爾の意向のもとに構想された「満州産業開発五カ年計画」の遂行機関だった。高碕の縁から、電発には大陸で開発事業に携わった技術者が多く入社し、元日発社員と満州引き揚げの技術者が人材の核をなした。

高碕自身には電力事業の経験はなく、それで電発の最初の事業である佐久間ダム建設はうまくいかないのではないかと危ぶむ声もあった。しかし自伝によると、敗戦後の満州ですでに電力事業への興味を持っていたという。

五

満州の日本人会で、日本の将来を語り、研究し合ったとき、敗戦後の日本のエネルギー源を何に求めるかが課題になった。その席には電力関係の人も出席していたが、私たちが到達した結論は「山脈と雨量の多い日本では、水力発電を起こすことが先決である」ということだった。日本地図をくり広げ、私たちはどこの資源が最適かを検討した。その結果、天竜川、只見川、熊野川、吉野川に地点を選び、日本へ帰ったら、必ずここを開発しようと申し合わせたりした。私に電力事業への夢が生まれたのはこのときからである。それにもう一つの目的——満州引揚者の就業——を電源開発で解決しようという気もあった。（『高碕達之助集』東洋製缶、一九六五年）

満州にいた技術者たちが、帰国前にすでに国内の河川での電源開発の計画を語り合っていたというのである。電源開発事業は、大陸帰りの技術者たちの描いた戦後社会のためのビジョンであり、また彼らを吸収する職場でもあった。巨大ダム建設の経験を持っていたのは彼らだけである。

次男坊の嘆きと国土開発

敗戦によって日本の領土は半分近くになり、失った土地から六百万の人々が引き揚げてきた。土地も、仕事も足りなかった。

一九五一年に建設大臣官房弘報課が編集した『建設の話　第四号　国土総合開発への道』は、国土総合開発の基本計画について各地の当局者に説明するために編まれた本だが、その「はしがき」は、残された領土に多くの人口が押し込められた状況を記して、かつて「『国土と人口の矛盾』を外に向つて解決しようとして無謀な戦争を始め、悲惨な運命を招いて、益々その矛盾を激化するに至つた」が、「この追いつめられた現実に当面して、我々は『国土の徹底的な完全利用による生活領域の拡大』と言う方式だけが、我々の運命を打開するために残された唯一の途であることを発見せざるを得なかった」と記している。

戦後の日本は、失った植民地に代わる土地を国内にみいださねばならなかった。しかし、今から開拓できる土地などたかがしれているから、その土地の「徹底的な完全利用」をめざさねばならない。それがこの計画の「総合」という言葉にこめられた意味だったようだ。とことん絞り取るというのに近い。

農業経済学・農村問題を専攻する東京農工大学教授、大谷省三の『国土の改造』（岩波書店、一九五三年）という本では、第一章が「〝もっと土地がほしい〟」と題され、冒頭の小見出しに「次男坊のなげき」とあって、「〝もっと土地がほしい。もっと土地さえあれば……〟というなげきは、大げさないい方をすれば、日本全国にみちみちているといえるかもしれない」と始まる。そして「なかでも、次男や三男に生まれた青年たちは、せまい自分たちの家の田や畑で、父や母や兄と働きながら、なぜ長男に生まれて来なかったのだろうと、自分の運命をなげいている」という。

戦後の新憲法によって、長男以外も親の財産を相続することになった。しかし実際は、田畠が小さくて分割相続させることなどできない農家が多かった。次・三男は家を出るしかないが、未開拓地はもはや少なく、また都市に出ても失業者があふれていた。行き場がなかったのである。

このような事態になったのは敗戦によって小さな島国に八千四百万の国民が閉じ込められたからだ、領土が狭すぎるせいだ、と考えるならば、「たくさんの移民を外国に送り出すか、わが国の領土をひろげるか、どちらかのみちをとらなければ、こんにちの農民のくるしい状態はよくならない」という結論に行き着く。それでは「あの戦争はまちがっていなかったのであろうか。敗けさえしなかったら、われわれは、もっとしあわせであったのであろうか」。いや、外国の領土を手に入れなければ幸せになれないというのであれば、失業者や貧乏人は泥棒をしなければ幸せになれないというのと同じではないか。

もし農家の次男三男のせっぱつまった〝もっと土地がほしい〟という気持が、たけだけしい「泥棒の身がってな理くつ」をまちがっていないとして、うけとるようになったら、どうであろうか。農村のこんにちの状態では、その心配はないとはいえない。

しかもベビーブームで、人口はさらに増えつつある。

ひとむかし前は〝人口六千万〟、〝人口七千万〟と、人口がふえることをもって、かんたんに、国が栄えてゆく姿であるとかんがえた人々も、いまでは〝人口一億〟ということばのひびきの中に、自分たちの生活にしのびよる暗さを感じとり、将来への不安を感ずるにちがいない。そして、またしても、死んだこどものとしをかぞえるように、朝鮮が、台湾が、満州が、樺太が、わが国の領土でなくなったことを、くちおしく思い出すかもしれない。

五

そこで大谷は、この状態を抜け出す「もっとちがった道」を考える。ヒトは環境を作り変えて生きられるではないか。科学技術で「国土を改造」すればよいのである。

大谷の書に見られるような、「植民地を失ったいま、ふたたび侵略をしないとしたら、残された国土を開発するしかない」という考えは、当時、しばしば語られていた。

先の『建設の話　第四号　国土総合開発への道』は、一九四〇年に企画院が立てた国土計画が「国内の乏しい資源などはむしろ後回しにして、数国家に跨がる広域経済圏たる東亜計画の一部計画としての大きな構想の国土計画であった」のに対して、新たな国土計画は、「この前の様に日本本位の立場ばかりで外国のことを考えるわけにはゆかなくなった」ので、「勢い、国内資源の徹底的且つ合理的な開発ということに集中せざるを得なくなつた。戦前はあまり顧みられなかつた貧弱な資源や未利用資源の有効利用を目標とした国土の総合開発というふことにわが国戦後の国土計画の重点が置かれ、昭和二十五年の国土総合開発法の成立を見るに到つたのである」と記している。

つまり国土開発は、外地に領土を求める戦争の代わりだった。そして開発すべき中心は、電力だった。土地を増やせないなら、土地を科学技術で「改造」し、資源を生み出せばよい。河川から電力を生みだし、産業を振興すれば、居場所のない次男・三男も吸収できる。

さらに電源開発は経済力、ひいては防衛力を高め、日本の真の独立を実現するとも期待された。日発の嘱託であったこともある衆議院建設委員会専門委員、田中義一の著『国土開発の構想』（東洋経済新報社、一九五二年）の序文を書いた石橋湛山は、生産を増強することが今日の緊急事であり、それが経済的自立、さらには自力の国防をも可能にし、初めて日本の本当の独立も果たせると説き、生産力増強の「最も手っとり早い方法の一つは、速かに大規模の水力電気の開発を行うことである」と主張している。その『国土開発の構想』という本は、アメリカのＴＶＡを紹介し、日本もそれにならって河川流域の総合開発をすべきだと論じた本である。

民主主義による電力開発

ＴＶＡ、すなわちテネシー河流域開発公社は、一九二九年からの世界大恐慌への対策としてＦ・ルーズベルト大統領がうちだしたニューディール政策の一環として、七州にまたがるテネシー川に二十六のダムを建設し、広大な流域地帯の総合的な開発を行った。その手法は、たんなる資源開発でなく、開発がその地域のために、その地域の住民によって行われるというプロセスに大きな価値を置いていた。民主主義的な実践として、事業が意味づけられていたのである。ＴＶＡの理事長であったＤ・Ｅ・リリエンソールがＴＶＡの概要を紹介した著

五

書の初版のタイトルは『TVA——民主主義は進展する』である。訳書は一九四九年に刊行された。

その本は、たんにTVAの事業内容を紹介したものでなく、貧しい地域の無知で無気力な民衆がこの開発事業に参加したことで、その地域が豊かになるとともに、科学技術と民主主義の精神に目覚め、自立した生き方を獲得したという、啓蒙の実績を強く主張していた。TVAは民主主義精神の啓発運動としても価値づけられていたのだ。

リリエンソールは、資源開発には二つの理念が必要だという。

一つは、「開発は自然自体の一体性によって支配されねばならない」ということ。つまり、人間をふくめた環境の有機的な連環を活かしながらの開発である。発電や治水、農業用水、水運、森林の利用と保護、電気を利用する諸工業などを、個別に考えるのでなく、関連する諸要素を総合的にみながら開発計画を立てねばならないということだ。

二つ目の理念は、民衆が開発に積極的に参加することである。リリエンソールによれば、TVAの成功の鍵は草の根民主主義にある。民衆自身の手で、民衆のために、開発は進められねばならない。その過程で、科学技術の知識や民主主義が草の根元に浸透していくのである。

TVAは、経済復興の華々しい成功例であると同時に、民主主義の理想的な実践例でもあった。

アメリカでは、国家が開発事業に介入するTVAに対して、反民主主義的だ、社会主義的だという批判が共和党を中心に強かったので、民主主義的な価値や効果を強く訴えねばならなかったという事情もあったらしい。国家による開発であっても、中央集権的にしかやれないわけでなく、むしろ国家開発だからこそ民衆に主体的に参加させるような運営が可能なのであり、これは「新しい民主主義」なのだと、リリエンソールは主張したのである。

ＴＶＡの理念は、統制になれた日本ではとくに批判されることなく、あっさり受け容れられた。先にみた『国土開発の構想』は一九五二年に刊行された本だが、当時のＴＶＡの人気について、次のように記している。

かように、ＴＶＡ観念は時の歩みと共にますます進展して、社会の縦横、上下各層の人々に浸透、ＴＶＡの賛成者は続出し、興味を抱く者はますます増加した。最近では台風と大雨があれば、出水ごとに、必ずやＴＶＡの名が出ないことはなく、ＴＶＡは、治山治水対策とは切っても切れぬ関係にあり、あたかも魔神の御利益があるかのように、各種の新聞、雑誌の紙上を賑わしている。さらにラヂオはＴＶＡを取り上げて、説明することをこととし、ある場合の如きは、ＴＶＡは『話の泉』にさえも話題を提供したことがあった。一時は、毎日の新聞紙上に、ＴＶＡの名の出ない日がないというようなＴＶＡの全盛時代を出現した。それは観念運動の頂点に

五

達したことを意味する。

『話の泉』とは、ＮＨＫラジオ放送で大人気だったクイズ番組のタイトルである。今ならさしずめ流行語大賞にノミネートされるような人気ワードとなっていたのだ。こうして高まったＴＶＡの「観念運動」が現実化され、立法化されたものが「国土総合開発法」や「北海道開発法」などであると、田中は言う。

1937年、D・E・リリエンソール

同じく一九五二年に刊行された安藝《あき》皎一《こういち》『国土の総合開発』（岩崎書店、一九五二年）では、過去にも琵琶湖疎水工事など国土の総合開発と言えるようなものがあったのに、今ことさらに「国土の総合開発」という名で呼ぶのは、「新しい意味のもとにみなおされ考えなおされてきたから」だと書かれている。

安藝は、内務省土木試験所長、東京帝国大学教授、戦後には資源調査会初代事務局長、同副会長などを歴任、国連アジア極東経済委員会水資源開発局長ともなる河川工学の権威で、資源開発に携わり続けた当事者である。その安藝の説く「新しい意味」とは、次のようなものだった。

わが国でも戦争中には、発電所や飛行場・道路・工場などをつくるため上からの命令一本で僅かの補償費で土地の立ち退きが行われた。一方、土地のなくなる人には景気のよくなつた工場で職が待つているといつた事情もあつた。あまり感心はしないが、それが戦争中の開発のやり方であつた。

こういう開発のやり方が現在行われてよいはずはない。天然資源というものはその土地に住んでいる人達のためにあるものである。誰かが得をしたり或いは損をするというやり方、誰かが犠牲になるようなやり方をしてはいけない。資源の開発ということはその土地の人達のためにしてやるというのではなく、自分達自身がこれを担当してゆくのだという気持にならなければならない。そういつた気持から、土地の人達が誰でもみな参画して仕事を考えてゆくというのがこれからの開発事業のあり方であるべきである。

この主張がＴＶＡの理念を踏まえていることは明らかだろう。

このように戦後しばらくの間、国土開発は、植民地を失った代替としての意義を与えられつつ、植民地主義や開発独裁を否定する民主主義的な理念によって色づけされていた。

先の田中義一の著では、まもなく設立される電源開発株式会社もTVA思想を背景に持つものだとして、「日本は国土が狭小であるから、各河川ごとにTVA型の公社や国策会社をつくらず、全国土をTVA地域とみなして、一社案で行こうとするもの」だと記されている。アメリカと違い、日本では総合開発といってもごく小規模な開発しかできない。だが、国土全体を一つのTVAでやると考えればいい。電源開発会社はそのためのものだというのである。

鮎川義介の日本版TVA構想

実業家にも、日本でTVAをやろうとした人物がいた。高碕達之助が満州で総裁をしていた満州重工業の創設者、日産コンツェルン総帥の鮎川義介《あゆかわよしすけ》である。

鮎川は戦後、復興の要として電源開発と道路網整備を構想し、その実現に力を注いだ。電源開発は、TVA方式で行う計画を立てていた。その「日本版TVA構想」は、鮎川が満州で米国資本を導入して開発を進めようとしていた構想の復活でもあった。宇田川勝『日産の創業者　鮎川義介』（吉川弘文館、二〇一七年）や井口治夫『鮎川義介と経済的国際主義』（名古屋大学出版会、二〇一二年）によれば、それは次のような経緯をたどる。

鮎川は、朝鮮の鴨緑江流域で電源開発を行った日窒コンツェルンの野口研究所で開発の指揮を執っていた工藤宏規を中心とする調査隊を組織し、水力資源開発地域の調査を行った。その結果、福島県と新潟県の境の只見川流域が最初の候補地となった。そこに資本七十五億ドルを投下し、十五年で一億五千万キロワットの電力を開発、その電力によってさまざまな電気化学工業を展開していくという壮大な構想を立てる。

鮎川はこの構想について、リリエンソールに相談した。この頃、リリエンソールは、マーシャル・プランによる発展途上国への経済援助にTVA方式を適用すべきだと提唱しており、その一環として鮎川の計画に興味を持ったようだ。来日して鮎川と会い、吉田茂首相やマッカーサー総司令官にも協力を依頼する。リリエンソールの印象では、マッカーサーは興味を示したが、吉田は無関心だったという。米国の要人へも働きかけることを約束してリリエンソールは帰国したが、翌年四月、マッカーサーが総司令官を罷免され、道は遠のいた。鮎川は吉田とその側近に働きかけ、対日講和条約締結の全権代表として渡米する吉田に、マーシャル・プランによる支援をトルーマン大統領に要請してほしいと伝えたが、吉田は無視した。

鮎川の構想は、頓挫した。

しかし、高碕達之助が電発の初代総裁となったことで、鮎川の構想は電発に引き継がれた。高碕は、鮎川がやろうとしたのと同じように、アメリカの資本と技術を導入した。またダム建設にあたって、鮎川の開発計画を参考にしたという。後に鮎川は、自分の水力開発の課題は高碕によって解決されたと述べている。

電源開発は、植民地の資源の代替であるとともに、その開発構想も満州での計画の再現だった。

また、この経緯をみると電発には日本版ＴＶＡとなる可能性もあったようである。

五

ダム工事の町の風景

ではリリエンソールの言うように、開発事業を通じて草の根に民主主義精神が浸透し、民衆が自立し活力に満ちるという結果は生まれただろうか。その評価は難しいが、佐久間ダムの建設工事が進められていたときの町の風景を眺めてみたい。評価の直接の材料にはできなくとも、いくらかの参考にはなるだろう。日経新聞の記者、長谷部成美の『佐久間ダム――その歴史的記録』（東洋書館、一九五六年）のなかに、工事中の町の様子を紹介した短い一章がある。他所者によるスケッチにすぎないとしても、だからこそ見えたこと、書けたこともあるだろう。そこから抜き書きしてみる。

まず飯田線「中部天竜駅」を降りると、旅館や病院、土産屋、映画館が建ち並んでいるが、

「路はドロドロ」だった。病院は、ダム工事が始まると同時に拡張して、「静岡県で五指以内に入る多額納税者とな」っていた。旅館は料亭を兼ね、開発会社や請負業者がよく宴会を催し、「工事たけなわのころは、ここで大宴会が開かれて、現場に負けない不夜城が現出した」。丸太の骨組みにトタン板を張っただけの映画館は、映写効果も音響効果もあったものでなく、上映される映画も一年遅れだったが、満員だった。ここが「佐久間では唯一の健全なリクリエーションの場だろう」という。

佐久間ダムは三年間で完成する計画で、天竜川の増水期は工事ができないから、できる間に一気に工事を進めねばならなかった。二十四時間休みなく、三交替制で突貫工事が行われていた。料亭が「現場に負けない不夜城」だったというのは、そのためだ。大勢の工事関係者を迎えて、たしかに地元は活況を呈していた。

駅前から天竜川を渡った町のなかにメインストリートがある。下流に開発会社の建物が何棟も並び、材料置場や倉庫などがあって殺風景だが、そこの道幅は広く、立派に舗装されていた。開発会社の隣に公会堂があって十字路となる。その「十字路から先には舗装はしてない。現金なもので町の中はほこりの立つ道が続く。往来するトラック、オートバイの土煙をかぶって華やかな商店街となる」。

道路の舗装は、くっきりと開発会社のある部分だけに限られていた。ダム工事用の道しか

1956年、完成間近の佐久間ダム
（長谷部成美『佐久間ダム』東洋書館より）

舗装していなかったのである。工事のための道路整備と、補償としての道路整備は予算も施工も別枠だから、補償としての工事は後から行われたのかもしれない。少なくとも工事中は、インフラはあまり改善されていなかったようだ。

それでも都会のように店舗が並んだ。

木造平屋ながら百貨店もできた。証券会社や銀行の支店が開き、その隣には「はりきゅう」の看板があがる。クリーニング屋には、白いワイシャツにアイロンをかけ、折り目正しいズボンが下がっている。赤や黄色のケバケバしいドレスも下がっている。アメリカからやってきたアトキンソン社の社員家族か、あるいは「特殊婦人」のものだろう。ラジオ屋には、最新型ラジオや携帯用ラジオが並び、腕時計も日本製に混じってスイス製の金側時計も置いてある。カメラ屋のショーウィンドウには、各種のカメラが「銀座並み」に並ぶ。四つ切りに伸ばして飾ってある写真は、だいたいダム工事関係の風景だが、ヌード写真も並んでいる。肉屋や八百屋の品揃えは、質がよく量も多い。貸布団屋が大きな店構えなのは、普通の町では見られない風景だ。機械メーカーの出張店も軒並み看板をかかげ、そこだけガラス戸が新しい。それが新興の町という印象を与えた。

古い家並にチカチカと新しい、近代的なセンスが入り込んだようで、全体を眺めると何かピッタリしない。雨上りの泥道を山羊がポコポコ引かれて行くのがショーウインドにうつる。その中に数万円もするカメラが並んでいようとは想像できない。

五

現場労働者が住む飯場は、山腹に十数棟建てられていた。夜には大都会のように見えるが、昼間に見れば、木片を打ちつけたバラックだ。すべての柱という柱に赤ペンキで「火の用心」と書き殴ってある。さらに「火を焚くな。タバコは消してから捨てろ」と大書した看板が追い打ちをかける。開くかどうかもあやしいぼろいガラス戸に、赤い花模様のカーテン。屋根は波打ち、羽目板はめくれあがっている。

二カ所に赤線区域があった。飯場と変わらないお粗末な家に「美人倶楽部」とか「一富士」といった名がついていて、申し訳のようにピンクのカーテン。

こういうところで美人を期待するのが無理な話で、ご面相は想像にお任せしよう。女の子もほとんどが人夫衆相手で、したがって力が強く、一度つかまったら必ず引づり込まれるそうだ。

そのような家が二カ所あわせて十一軒ぐらいあった。三畳ぐらいの小部屋で、壁はベニヤ板だった。

普通の人には耐えられないだろうが、「佐久間戦線」なのだから仕方がない。毎月五日が人夫衆の給料日で、五日、六日ごろには列をつくるという。まるで戦地の慰安婦と同じで、いまごろ列を作って順番を待つのは日本では佐久間ぐらいのものだ。だからここでは「夜だけ」というような大人しいものではなく、朝から夜中までだそうだ。三交代制で、手のすいた人夫衆がいるわけだ。ニヤニヤ笑いながら家を出てくる人夫衆の前で、子供達がキャッチボールをやっている。風紀にはよくないことは分り切った話だが、そんなに問題にはならない。もちろん、百メートルも離れていない駐在が、何ともいわないのは何処でも同じだ。

値段は安くなかったという。それで気の利いた者は豊橋まで出かけた。他に芸者が五人いた。芸者といっても「佐久間音頭」や「佐久間小唄」を歌うこと以外は「バラックのネエさんと大差はない」のだが、それでも「あそこの子達は品がなくていやあねー」と眉をしかめる。

また、アトキンソン社の社員が多いときには四十五人も来ていたから、「豊橋市や名古屋市あたりから洋パンが入り込んできた。スタイルはともかくも、上から下までバリッとした服装、片言の英語はいけるというようなお嬢さんがシャナリシャナリとアトキンソン社員に接近して行った。もっとも休日にアトキンソン社員が豊橋あたりに出掛けて行って拾ってきた(ひっかかった)のもある」といい、その女を「佐久間に住まわせておくもの、ちょっと離れた浦川町においておくもの、電車で日を決めて通わせるものなどいろいろ」だったという。

「基地周辺」で見られるような風景が随所に展開された。アトキンソン社員はGIよりか品?が良かったせいか、そんなにやかましくいわれなかった。

このような状態だったので、村に一つしかない滝の湯で六歳の子供が痳病に感染したこともあったという。

そして一杯飲み屋では、喧嘩が絶えなかった。

パチンコでとってきたピースを投げ出して「この分だけ呑ませろ」とスゴム連中なんだから、ケンカは後を絶たず、コロシも一件や二件ではない。特に給料日の後など、佐久間は阿鼻キョウカンの巷と化す。飲んでいたら、いきなりシャベルでな

ぐられたとか、ドスで渡り合ったとかは、話のタネにもならないぐらい。「表へ出ろ！」と二人で飛出して行ったら翌朝一人が河原で石で頭をつぶされていた。「苦しそうだったから一思いにやった」と犯人は安楽死を与えたような口ぶりだったというのだからたまらない。

大佐久間建設にふさわしく、手を折られた、脚をちょん切られたというケンカの連続だ。特に集団意識で、間組の人夫と熊谷組の人夫というようなケンカになるとコトが大きくなる。だから組でもそれぞれナワ張りを決めて、ここまでは間組、あそこまでは熊谷組というように、なるべく組の違った者同士が寄り付かないようにしている。

このような実態を記す長谷部は、けっしてこうした人たちに否定的なわけでなく、むしろ彼らこそが実際に工事にあたった者たちなのだと主張する。

偉大な工事に当る人を崇高な人と考えがちだが、半面佐久間の建設は、このケンカ好きの飲んだくれの人達によって進められたといってもいい。もう人間の美化はよそう。どんなに難工事であるにせよ、日本一のダムにせよ、それを完成させたの

五

は人間、特に直接工事にとりかかった人夫は、やはり人間なのだ。佐久間の人夫だけが特別ではない。朝にドリルを握ったその手で、夕に人の頭を割り、夜は女の腰を抱く。佐久間ダムはこの人達で造られた。

長谷部が「美化はよそう」と記すのは、当時の佐久間ダム建設について書かれたものが、歴史的偉業と讃えるあまり、きれいごとばかりになっていたからだろう。六百万人が観たというドキュメンタリー映画『佐久間ダム』にもこうした実状が映されることはありえなかった。むろん長谷部は、人夫衆のやくざな面ばかりを見ていたわけではない。数千人もいれば、せっせと貯金するような人夫もいる。根っからの流れ者もいれば、農閑期だけの人夫もいる。某銀行の大都市の支店長を定年退職した後でもったいないと働きにきた人、大きな商売で成功して妾を六人も持っていたのが今は腰を叩き叩き働いている人、息子が高級サラリーマンだという人、身をもちくずした地方の富豪の息子、また「元陸軍少佐、元海軍機関中佐などはザラ」だという。「小説なら何百編も書けそうな経歴の持主ばかりだ」と、長谷部は人夫衆のさまざまな個性にも興味を向けている。

佐久間ダムの工事現場は、非常線で囲まれた、まさに長谷部の言う「佐久間戦線」だったようだ。その戦線に、人夫として働くため、商売で一儲けするため、全国からさまざまな人々が集まった。
裏通りには何軒かの屑鉄屋があったという。開発会社や土建屋で不用になった鉄製品は入札で払い下げているので、地元の屑鉄屋には入らない。ところがその裏通りの屑鉄屋には屑鉄類がうずたかく積み上げられていた。すべて盗品である。あの手この手で盗んだり、だまし取ったりしたものなのである。犯人は現場を押さえない限り、まず捕まらなかった。手口が巧妙だっただけでなく、「駐在には能力もないし、コソ泥をつかまえる気力もないし、その頭の中に三百六十億円も使うのだから、少々のコトぐらいはと考えているらしい」というのである。莫大な工事費のために、警官さえ日常的な金銭感も秩序感も麻痺してしまっていたらしい。それは住人たちも同様だっただろう。この「戦線」で、儲けた者は大いに儲けた。苦々しく思っていた人たちも、村の将来のため、日本の復興のためなどと思って、耐えてやり過ごしたのではなかろうか。いずれにせよ三年間だけのことだ。
町のパーマネント屋の看板には、白地に大きな赤字で「パーマネント」と書いてあった。

ある人夫衆が「パーマネントって何だい」ときいたところ、「英語で永久という意味だ」と教えられ、「バカ、佐久間は三年で終りさ」といったというから、この人夫衆、パーマネント屋さんの心配をいいあらわしたようなものだ。

五

突貫工事でひたすら完成をめざした非常時の世界「佐久間戦線」は、三年で終わる。そのとき限り沸き立ったゴールド・ラッシュだった。

ＴＶＡの日本版と意識されていたはずの最初の事業の現場は、このような「佐久間戦線」だった。完成した日本初の巨大ダムで発電された電力は、地元には送られず、超高圧送電線で名古屋と東京へ送られた。この電源開発が地域に与えた影響については長期的に評価しなくてはならないだろう。ただ工事中には、リリエンソールの著作からの印象とはずいぶん違った風景が広がっていたようである。

いずれにせよ、いつしかＴＶＡはあまり語られることもなくなっていった。開発事業を民主主義の実践だと言うことにリアリティがなくなったからだろうか。

更迭、忖度、あるいは買収

電発総裁としての高碕は、佐久間ダム建設という、困難の多い日本初の巨大ダム工事を軌道に乗せたことで、おおむね高く評価された。にもかかわらず、佐久間ダムが完成するより前に、吉田茂首相は高碕を更迭してしまう。

理由は定かでない。当然、さまざまに憶測された。有力説の一つは、高碕が渡米し、独断で外資導入を決めてきたことが原因だったという。戦後で初めての外資導入だった。外資導入を一枚看板にしながら難航していた吉田にとっては、メンツを潰されたも同然で、面白くないことだったというのだ。また、佐久間ダムに用いるセメントを、入札で磐城セメントが落札したことが原因だとする説も広まっていた。吉田の側近、麻生太賀吉が経営する麻生セメントから買うよう働きかけられたのを無視して、公正な入札で決めたために、恨んだ麻生が高碕更迭を吉田に進言したというのである。

真相はわからないが、とにかく高碕は更迭され、日発の最後の総裁もつとめた信越化学の小坂順造が次の総裁となった。

ところが、小坂もまた厄介な事態にみまわれる。一九五六年のことである。成沢清美『日本の電力』（三一新書、一九五六年）に、「巨大なカネが動く電源開発工事と腐敗政治家、利権屋、汚職官僚のつながりを、一言にしていえば、いまの保守政治の暗黒面を、これほど醜く国民の前にさらけ出した事件はまたとない、それは二代目総裁小坂順造の更迭をめぐる最近の電発お家騒動である」とまで書かれるような事態だった。

問題は、佐久間ダム建設の工事費用が予算よりはるかに莫大になったことに発する。

電源開発促進法が成立する前に、佐久間ダムは中部電力が開発するつもりで調査を進めて

五

おり、建設工事の予算を二百二十億円と算出していた。それは、自由党案に対抗するため、すでに予算まで出していることを示して自分たちの事業計画を既成事実化しようとしただけの、とりあえずの金額だったという。（湯藤正人「佐久間ダム騒動の裏面を衝く!!」『新日本経済』二十巻七号）。

電発は、この予算をそのまま受け継いだ。自前の調査データなどなかったからである。また、あえて国際入札として、業者にはかなり無理な値をつけさせてもいた。だから実際にかかった費用が膨れ上がるのもしかたがなかったのだが、三百六十億円という金額に、いくらなんでも増えすぎだという批判が巻き起こる。百三十億円ものアップ、予算の一・五倍以上だ。何か不明朗な金額が含まれているのではないかと、疑惑がささやかれた。

そこに間組の工事費の増額問題がクローズ・アップされる。間組の当初の請負額は、四十二億八千万円だったが、難工事の箇所があり、岩盤の掘削量もそこに用いたコンクリート量も多くなったため、工事費を増額することになったのだが、その再見積もり額をめぐっての騒動が起こったのである。

間組はまず、倍額以上の九十二億六千五百万円という金額を提出する。あまりの増額に、佐久間建設所長は拒絶し、あらためて再見積もりを要求する。すると次に出してきたのは八十六億三千三百万円。いきなり六億円以上の値下げだった。しかし建設所長には調査に基づいた腹積もりがあり、それよりだいぶ高かったので、さらに再見積もりを求めた。今度は七十九億八千五百万円になった。一回目より約十三億円も下がっている。これほど大きな値下げができること自体が、「バナナの叩き売りじゃあるまいし」と、のちに多くの人に不信感を抱かせることになった。

しかし建設所長には、なお少し高いと思われた。それより問題は、このとき間組が工事費用とは別に三億五千八百万円の「嘆願金」を要求してきたことだった。嘆願金とは、思いがけない難工事などで余分にかかった金額を別枠で請求するもので、土建業者の商習慣のようなものだという。それは内訳もなく不明瞭な金額だった。建設所長は拒絶する。

このようなやりとりが続くうちに、政治家たちが動き出した。自民党の大麻唯男、池田勇人、佐藤栄作などから小坂総裁に、大野伴睦が小坂の更迭を強硬に主張していると伝えてきたのである。大野自身が小坂の私邸を訪れて、間組に次回の工事を担当させるようにうながしたこともあったという。

藤井《ふじい》崇治《そうじ》副総裁も、三木武吉に呼び出され、間組の要求を通すように頼まれた。「そんなことをすれば我々は背任罪になる」と断ると、三木はその場で大野に電話し、「あの話はどうも難しいようだ」と伝えたという。そのときの詳細を、藤井は小坂に報告していた。

このような政治家からの働きかけは、逆効果だった。小坂は態度を硬化させ、建設所長にも厳正な態度で対するよう指示する。やがて、これが世間にも伝わり、ついには社会党が国会に小坂総裁の参考人招致を要求するにいたった。参院選を前に、自民党に一泡吹かせてやれそうだと張り切っていたらしい。

五月二十八日、衆議院の決算委員会に参考人として出席するため、小坂は国会に向かった。一切合切すべてを話すつもりだった。

だが、小坂が参考人招致されると決まってすぐ、右翼浪人や間組関係者が岸信介幹事長宅を訪問し、岸から自民党の決算委員である田中彰治へ「小坂証言をもみつぶせ」との秘密指令が発せられたという。

委員会当日は田中を先頭にした自民党委員の強引な反対で、すでに国会に出頭していた小坂総裁は、証人室に二時間半もカン詰めにされたあげく、委員会はついに流会、という前代未聞の醜態を演じたのであった。（『日本の電力』）

自民党が参考人招致を拒否した理由は「まだ決算委で取上げる段階にない。小坂氏に陰謀ありとの情報に接している。わが党として、決算委の権威にかけてもこの出席は困る」というものだったという（島村一「佐久間ダムと電発の御家騒動」『東邦経済』二十六巻七号）。たんに自民党が困るからという無茶苦茶な理由のようだが、なりふりかまっていられなかったのだろうか。

五

二十八日の決算委員会の議事録を見ても、この問題には一切触れられていない。ただ最後に、小坂を参考人として呼ぶことが要求され、承認されている。実際にはこの問題で小坂が国会に立つことはなかったが、二日後の三十日、参議院の商工委員会で、副総裁の藤井崇治が参考人として証言することになった。

小坂は藤井に、すべてをありのままに話すようにと指示した。藤井も「承知しました」と答えたという。

今度は妨害されなかった。

なぜなら、藤井は何ひとつ話さなかったからである。間組との交渉は現場で事務的に行われているだけで本社は関知していないし、政治家からの働きかけもなかったと、断言したのである。

これを知って小坂は激怒した。

小坂は、七月に辞任し、藤井を後継者にするつもりだった。もともと藤井を副総裁にしたのも小坂である。

小坂は電発を、巨大ダムと超高圧送電網を持つことで全国的に電力需給の調節と融通をする会社にしようと考えていた。分割民営化による電力融通の分断は、再編成問題が議論されていたときから指摘されていた分割民営化の欠点だった。それを電発が解決しようと考えた

五

のである。

しかし、それでは電発の監督権を持つ官僚が電力事業全体を統制することになり、国家による電力管理が進んでしまう。九電力会社は反対し、電力会社がみずから超高圧送電網を建設すると主張した。

藤井崇治は、かつて電力の国家管理を実現した革新官僚の一人であり、電気局長官として戦時中の電力行政のトップにいた人物である。小坂の構想を引き継ぐにはふさわしい。小坂もそこを見込んでいたのだろう。

だが裏切られた。もはや断固として藤井を総裁にするわけにはいかない。自分の辞任は取り消せないので、関西電力の堀新《ほりしん》会長を引き出すことにする。

すると、堀の家に右翼からの脅迫電話がたびたびかかってくるなどの妨害工作が始まった。電発内でも、小坂を誹謗し藤井を賞賛する怪文書がばらまかれた。岸信介、大野伴睦、河野一郎ら自民党首脳部は、次の総裁は藤井に決まっていると放言してはばからなかったという。

堀は、就任を辞退する。ならばと小坂は、松永安左エ門を担ぎ出した。なんとか閣議にまで持ち込んだというが、やはり岸、大野、河野らの反対で、ひとたまりもなくつぶされた。その後も何人かの候補者を推したが、陽の目を見た者はいなかった。

ただ、この騒動が世間でもずいぶん話題になったので、さすがに自民党でも藤井を総裁にするのはまずいと思ったらしい。建設技術研究所の内海清温《うつみきよはる》理事長を推し、八月二十八日、総裁に就任させる。

大野らが電発の総裁人事にこだわったのは、むろんそれが資金源だったからだ。

間組が嘆願金という不可解な要求を出してきたころ、自民党主流派幹部は、旧自由党系との保守合同態勢を、自分たちの指導権のもとに確立するため、相当に資金を必要としていたし、かれらが「次期電発総裁は藤井副総裁にきまっている」として、藤井をかけがえのない存在のように扱っていたころには、七月八日に行われた参議院選挙を戦うため、自民党主流派は、間組の「嘆願金」要求と大体一致する、約三億円の選挙資金が必要だと、いわれていたものである。（『日本の電力』）

藤井は、総裁にも、副総裁にもなれなかった。それで逆上したのか、小坂や新たな副総裁、また経済企画庁長官になっていた高碕達之助を攻撃する怪文書を流したり、ある新聞社に「新聞の間違った記事によって生活の場を失なったから、生活の保証と損害の賠償を求める」という趣旨の文書を届けたりしたという（『日本の電力』）。

もはや自滅の道を歩むかのようなふるまいだが、一九五八年に、藤井は電発総裁に就任し

五

ている。そして一九六四年、最後の巨大ダム工事となった九頭竜ダム建設工事の入札での不正疑惑にかかわっている。今度は更迭される側だったが、歴代総裁の七倍ほどの退職金を得て、口をつぐんで辞めた。石川達三が小説『金環蝕』に詳しく描き、山本薩夫監督によって映画化もされた有名な事件だ。前に小坂の証人出席をつぶした田中彰治も、派手に活躍している。この事件は、池田勇人の自民党総裁選にかかった工作資金を穴埋めするためのものだったとみられている。しかし、秘書が不自然な自殺をしたり、藤井からすべてを聞いていた記者が殺されたりして、証拠も消え、公には何も明らかにされなかった。世間では納得されなかったろうが、『電発30年史』は、この問題が国会で取り上げられたことに触れて、「電発は競争入札手続きが厳正に行われたことを明らかにし、その措置があくまでも公正妥当なものであったことが認められた」と、堂々と記している。

戦後の深刻な電力飢饉、そして失業問題や人口問題という危機感の募るなか、その解消のために、TVA——民主主義のイメージをもまとって発足したはずの電発は、結局、世評通り、与党政治家たちの資金調達の道具であり続けたように見える。電発は、二〇〇四年に民営化され、あわせて通称も電発から、J-POWERへと変えられた。

TVAと原子力

日本版TVAとなるようにも言われた電発だが、草の根民主主義とは無縁だったように見える。しかし、本家のTVAも、じつのところは怪しかった。

リリエンソールの代表的著作で、日本にも大きな影響を及ぼした『TVA——民主主義は進展する』(岩波書店、一九四九年)は、一九四三年、第二次世界大戦のただ中に書かれたため、電力の大部分が軍需産業に使われていることは記されていたものの、具体的な使途は曖昧にされていた。それが十年後に加筆訂正された第二版『TVA——総合開発の歴史的実験』(和田小六・昭允訳、岩波書店、一九七九年)には、はっきり記される。それは日本人にとっては衝撃的な事実だった。

原子爆弾の製造である。

「不可能と思われるような」きつい時間のスケジュールで電力を増強し、しかも予定された経費の範囲内で行ったということが歴史が証明したTVAの能力である。そして、そのことこそが、この河域に原子爆弾の工場——途方もなく電力を喰うもの——を、他の主要な戦争資材をつくる巨大な電力を消費する工場と共に設置することになった決定的要因だったのである。戦争終結以来、オークリッジがさらに拡大されたこと、そしてさらに最近になってケンタッキー州のパデュカ近郊に「もう一つのオークリッジ」が作られたことは、当初の計画の当然の発展なのである。

そして結局、テネシー河のすべての水力を合せたものより大きい容量をもつ、石炭による一連の火力発電所をＴＶＡが建設せざるをえないようになったが、その主な理由は、国の原子力拡大計画によって電力が著しく多量に求められたからである。

五

ＴＶＡは、原爆を作るために巨大に拡大していったのだ。むろん電力が軍需に使われたから民主主義的でないというのではない。しかし、国策によって無理なスケジュールや予算で進められ、その目的が機密として隠されているような事業が、草の根民主主義の実践だというのは無理があるだろう。

戦争が終結した後、「この峡谷のありあまる電力は再び平和時のためにこの地域を建設することに使われるようになった」というのだが、それも一時のことで、すぐに部分的でしかなくなる。

冷戦がはじまってから、そして後には朝鮮戦争の開始によって、この峡谷は、平和時のものとならんで戦時用品を供給する目的にふり向けられた。とくに原子力委員会はＴＶＡの電力をさらに増やすように要求してきた。テネシーのオークリッジにある委員会の工場と、ケンタッキーのパデュカにある新工場のために、一九五六年までに年間二五〇億キロワット時の発電をするようＴＶＡに言ってきたのである。この量は一九五一年の一年間に公私をあわせての全米の全発電所が全消費者に供給した量の十二分の一である。いま、ＴＶＡは一九五六年までに六〇〇億キロワット時の年間需要に答えるべく準備を進めている。これはほんの二〇年前には一五億キロワットが適当と考えられていた地域での話なのである。

結局、軍需産業、それもおもに核兵器製造のための巨大電源開発だったわけである。流域の工場地帯が発展したことも、戦争と無関係ではなかった。「重工業の拡張は、一九四〇年までには始まっていたが、戦争の勃発と共に飛躍的にすすんだ」というのである。だとしたら、リリエンソールがＴＶＡの功績として語ったことの少なくとも一部は、戦争のおかげであったと言うべきだろう。ＴＶＡの成功とは、戦争経済の成果でもあったのかもしれない。戦後の発電量の莫大な増加も、冷戦による核兵器競争の結果だった。

ＴＶＡはテネシー河域の全電力資源を開発しつくし、それでも高まる要求に応えるため、石炭、天然ガスによる火力発電所を建てた。いずれは原子力発電所を建設することになるだろ

五

うと、リリエンソールは書いている。実際、一九七四年にアラバマ州のブラウンズ・フェリーに原子力発電所を建設し操業する。その五年後にテネシー州東部のチャタヌーガに原子力発電所を建設すると、ＴＶＡはアメリカ最大の原子力発電事業体となった。

リリエンソールは、トルーマン大統領の指名によって、核の国際管理に関する政策立案のための特別委員会の委員長となり、一九四七年に発足した文官支配の原子力委員会の初代委員長になっている。ＴＶＡを辞職し、原子力発電を推進する役割を担ったのである。

一九四九年二月十四日、リリエンソールがトルーマン大統領に、原子力を戦争でなくエネルギーとして使うことができることを説明すると、トルーマンは喜び、それができたら世界中のいたるところにＴＶＡがあるも同然の効用があるだろう、と言った。リリエンソールはそれを自分へのお世辞と受け取ったうえで、大統領が就任演説で語った「未開発地域援助計画」に自分がどんな気持ちになったか想像していただきたいと返した。すると大統領はがぜん熱心になり、「夢幻的」な話しぶりで、地球儀に手を伸ばしながら、世界各地にＴＶＡができればいい、そうなれば飢餓や苦悩はなくなり、戦争の原因は激減するだろう。「ＴＶＡがそういう役目を果たしたように、原子力もその役割を果たせるだろう」と言ったという（『リリエンソール日記　3』末田守・今井隆吉訳、みすず書房、一九六九年）。

もちろん、このとき原子力発電はまだ技術的な可能性でしかない。破滅の象徴である核を、

TVAのような建設的な事業に転じたいという希望を語っているのである。

原子力委員会を辞してからも、実際に原子力発電ができると、リリエンソールはそれをTVAと同じようにみなした。一貫して原子力発電は推進すべきものと考え、スリーマイル事故が起こった後でも変わらなかった。むしろ、その事故で批判されて消極的になった科学者、技術者たちにいら立ち、「科学界が持っていた積極的で確信に満ちた闘志の復活を激励する」ために、『岐路にたつ原子力――平和利用と安全性をめざして』（西堀栄三郎監訳、古川和男訳、日本生産性本部、一九八一年）を著す。そこで科学者の消極性に不満を述べてから、次のように書くのである。

新しく、よりよい原子力計画に挑戦する確固たる精神が現在の科学技術界にないとしたら、それはどこに求めるべきなのか。私はそれが、技術的な訓練をされていない市民から生まれることが十分ありうるのではないかと考えている。それは、彼等が、「安全で豊富な新しいエネルギー源追求の実情について、もっとも関心がある」ことに、急速に気づきはじめたからである。

原子力利用について判断する権限を、科学者が独占するのでなく市民に開くべきだという考えは、やはり民主主義者のリリエンソールである。章タイトルにも、「原子力――新しい民

五

衆の事業」（第十一章）、「原子力は民主主義を強め得る」（第十二章）とあり、まさにTVAと同じ理想をみていることがわかる。

リリエンソールにはもう一つ、啓蒙をはかった対象があった。大企業の有益さである。「大企業は、基礎的な諸商品を生産・分配し、国家の安全保障を強化するばかりでなく、人間の自由と個人主義を促進する社会的機構でもある」として、「今日まで発展してきたごとく、大企業は、弊害や脅威となるどころか、民主主義をより偉大にするための物質的基礎を打ちたてるのによい機会を与えるのである」と言うのである（『ビッグ・ビジネス――大企業の新しい役割』永山武夫・伊東克己訳、ダイヤモンド社、一九五六年）。

大量消費と近代技術革新の時代においては、大企業の存在がより多くの中小企業に好機を与え、公共の福祉を増進するという。やはりTVAと同じく、民主主義を育てる働きをするという価値が主張されている。

原子力発電や大企業が民主主義を強めるとは、今日ではとても首肯しがたい考えだ。だが、この思想も日本に影響をもたらしている。

リリエンソールに強い影響をうけた人物の一人に、鹿島建設の社長、鹿島守之助がいた。鹿島は、元外交官で、外交史研究者、自民党所属の参議院議員、「パン・アジア」運動の提唱者など、多彩な活動で知られる。第一次岸信介内閣で北海道開発庁長官を務めた。

リリエンソールの著『原爆から生き残る道』（鹿島守之助訳、鹿島研究所出版会、一九六五年）の序文で鹿島は、リリエンソールの諸著に多くの影響を受けたと語り、なかでも『ビッグ・ビジネス』には「建設業というものは、その大きさよりも『釣合い』が大切だという従来の考え方に対し、これを大事業に発展せしむべきであるとの信念を持つに到り、ついに鹿島建設をその受注量において、社員数において、また研究投資において、世界第一にまで発展させることの出来たのは、この思想の影響である」と記している。鹿島建設を巨大ゼネコンに成長させたのは、リリエンソールの思想の影響があったからだというのだ。

もちろんＴＶＡからも大きな影響をうけていた。一九五三年に鹿島が自民党から参院選に出馬するにあたって土木工業協会から発表した「急げ国土総合開発」という文章（鹿島建設株式会社編『鹿島守之助――その思想と行動』鹿島出版会、一九七七年）で、鹿島はやはり狭い国土と人口増加という問題をあげて、国土総合開発こそがその解決策だと言い、ＴＶＡについて紹介したうえで、次のような主張をつづける。

最近、自衛力の強化乃至再軍備は政治上の最大問題となっているが、今日の原子爆弾やジェット機の時代には、重化学工業力の裏付をもたぬ軍備は、仮令あったとしても、それは極めて無力である。最も必要なことは工業力の増進であり、工業力増進の為には、何よりも電力が不可欠である。即ち自衛力の強化と云っても、それには順序がある。先ず電源開発を基礎とする重化学工業力の再建と食糧の増産が急務である。之が達成への唯一の有効適切なる方途は国土の総合開発である。それが絶えず地方産業を振興して、地方に収容し切れない二男三男等の人口問題の解決に資し、又外国貿易を発展せしめ、国力増進に貢献することは云うまでもない。

五

したがって国土総合開発は、一政党の政策でなく、「国家的利益を主眼とする超党派的努力の結果であらねばならない」、さらには政府や地方団体の計画、努力だけではできず、「我が国民大衆の正しい理解と盛り上がる力とによってのみ完遂される」のだという。リリエンソールに即せば民主主義的な実践ということになるのだろうが、大衆には「正しい理解と盛り上がる力」しか求められていないので、民主主義なのか翼賛運動なのか、よくわからない。このよくわからなさが、労働力の効率的な組織化を可能にし、戦後の経済成長を支えたのかもしれない。だとしたら「草の根民主主義」とは、総力戦体制を新たな装いによって戦後社会に再整備するため都合よく利用された言葉にすぎなかったのではないかとも疑われてくる。

六

停電と機関銃

――電源防衛戦PART1

電力事業の再編成問題がまだ激しく議論されていた一九五〇年の夏、群馬や福島などの電源地帯は張りつめた空気に包まれていた。

発電所の爆破を、日本共産党が計画しているという情報が広まっていたからである。各地の発電所や変電所の周囲に有刺鉄線が張り巡らされ、臨時の交番や守衛所が設けられた。周辺を警官や「電源防衛隊」のいかつい男たちが見回った。

新聞には、怪事件を伝える報道が続いていた。

電力産業の労働組合である電産（日本電気産業労働組合）の東京分会組合員だった高橋理《おさむ》による回想記「思い出すことども」（『一九五〇年八月二六日——電産レッド・パージ三〇周年記念文集』東京八・二六会、一九八三年）によれば、「七月一五日の読売は『追放旋風後の日本共産党』という題で福島の電源地帯、炭鉱に同党が潜入しようとしていると書き、二七日、『発電所施設の警備強化』、八月七日『電源を握る赤い手——電源重要地点に八〇〇名の党員、怪事件あいつぐ猪苗代』などと書きたてている。毎日、朝日では七月一三日に岐阜県下原発電所をとり上げ、『共産党員電源を断つ——ダムの水門開放』『共産党員の執行委員神戸秀雄の犯罪——背後関係を探る』と書いた」という。

この頃、新聞や通信社、ＮＨＫ（民間放送はまだなかった）は、「反共ヒステリーの止め金をはずしてしまっていた」のである。

六

七月から発電所や変電所が狙われているという記事が一面から三面まであふれ、八月になると、いよいよ緊迫する事態を告げる報道が続く。

この高橋理の回想記に、当時の新聞見出しが紹介されているので、引用する。

8月前半の新聞の動向を少し示すと（「サンケイ」は除く未確認）、
2日　下原発電所事件、共産党員、神戸英雄（ママ）起訴（毎日）
4日　現場に集中する〝赤〟（日経）
7日　電源を握る赤い手（読売）
8日　日共、電産争議を通じて工作（日経）
　　　破壊工作の防止を指令、電産中央委（読売）
9日　豊岡発電所爆発、スト・サボ絶対不可（エーミス談）
11日　極左追出し（新方針）、発電所を守れ（東京）
12日　分裂抗争する電産猪苗代（東京）
13日　電源を〝赤〟から守れ猪苗代から狼煙（毎日）
14日　断じて電源を守れ、電源防衛大会（日経・東京・毎日）
15日　重要電源を防衛――佐藤検事長談（東京）

16日　電産左翼分子を整理——電源確保（朝日）
17日　緊迫度ます猪苗代、現場ゲリラ戦続発（東京）

もはや非常事態の様相である。十七日の『東京新聞』には、「何ものかが硫酸混入—綱島変電所火を噴く」というショッキングな見出しもあったという。

これらの見出しに多く見られるように、危機の焦点は福島県の猪苗代だった。

当時、猪苗代水系には二十七の水力発電所があり、首都圏で消費される電力のほとんどを担うほどの、日本最大の電源地帯だった。政府やGHQがこの地域を重視したのは当然である。むろん労働運動側にとっても掌握すべき要所であり、戦前から運動の重要拠点だった。とくに当時は共産党勢力が非常に強くなっており、先鋭的な〝赤〟の一大拠点でもあった。

この前年の夏、国鉄の下山定則総裁の変死体が常磐線の線路上で発見された「下山事件」、中央線の三鷹駅から無人列車が暴走して民家に突っ込み、死者六人、重軽傷者おしょそ二十人を出した「三鷹事件」、福島県で東北本線の上り上野行きの旅客貨物列車が脱線転覆し、乗務員三名が死亡、五名が負傷した「松川事件」と、国鉄がらみの怪事件が立て続けに起こり、世論誘導によって、それらはみな日本共産党のしわざとみなされていた。その日共が今度は、電源を破壊し、首都圏を混乱におとしいれようとしていると、報道はその破壊工作について連日のように伝えていたのである。六月二十五日には朝鮮戦争が勃発していた。

コミンフォルム一四七号指令

日本共産党が電源破壊をたくらんでいるとされたのには、一応の根拠があった。「極東指導部秘密指令一四七号」なる文書である。

この前年まで日本共産党は、「愛される共産党」をスローガンに平和革命論を説き、米軍を「解放軍」とみなしていた。それが一九五〇年一月六日付のコミンフォルムの機関紙で激しく批判される。アメリカの占領下にあって平和的に人民革命ができるわけがない、それは帝国主義を美化する理論であり、レーニン主義とは無縁な、反愛国主義的・反人民的な理論だと糾弾されたのである。コミンフォルムは、一九四七年にヨーロッパ九か国の共産党が情報交換と活動調整を目的として創設した国際機関だが、実態はソ連共産党が各国の共産党を統制するための組織だった。

その批判を受け入れるかどうかで日本共産党は「主流派（所感派）」と「国際派」に分裂し、混乱しつつも、受け入れる。反米武装革命路線をとり、六月には幹部らが地下へ潜り非合法活動に入った。

六

一四七号指令は、コミンフォルムの日共批判からまもない一月末の日付のある、破壊工作についての指示書である。そこには、暴力革命を遂行するために第二戦線を作れ、訓練された少数の精鋭分子で米軍基地や重要産業の施設を破壊し、市民のあいだに流言を広げ、反共分子を暗殺せよ、とくに電源破壊のため、発電所の施設平面図を作り、夜間勤務は党員によって独占せよ、というような指示が記されていた。

この文書は、電源破壊計画が進められている証拠とみなされた。

前年にも「原因不明の事故を起こせ」という内容の「共産党本部の指令三一一号」という怪文書が流布しており、それは下山事件や三鷹事件、松川事件を共産党のしわざだと思わせるための捏造文書だったとされる。同じように一四七号指令も、でっちあげ文書だった可能性は高い。福島県民衆史研究会『発電所のレッドパージ』(光陽出版社、二〇〇一年)によれば、この文書の出所は、福島県の労働部の出先の「田島地方労政事務所」であり、ここでは猪苗代分会の内情や電源破壊に関する怪情報を集めては、しきりに福島県労働部に送っていたという。信用できない「怪文書」にすぎなかったというのである。ただ、コミンフォルムの日共批判のすぐ後に出た文書として、内容的にはスジが通っている。むろん、だからこそ捏造しやすかったとも言えるだろう。

この他に、ＧＨＱがひそかに入手していた「コミンフォルム指令一七二号指令および活動計画」なる文書もあった。それには発電所や送電線、送電施設、また鉄道を破壊することや、活動を妨害する重要人物の監視、暗殺などが指示されていた。活動計画としては、八月十五日から九月十五日の間に一斉蜂起することや、十二、三万挺のピストルで武装することなどが記されていた。発電所や鉄道の破壊は、失業した自由労働者に行わせることになっている(竹前栄治『占領戦後史』岩波現代文庫、二〇〇二年)。

この文書も本物かどうか定かでないが、GHQでは本物とみなしていたようだ。多くのGHQ関係者に取材した竹前栄治《たけまええいじ》は、少なくとも「彼らがこのような『コミンフォルム情報』なるものに基づく対共産党イメージをもっていたことは疑う余地がない」(『同前』)と記している。

六

東北みどり会の登場

敗戦時に政治犯として獄中にあった共産党員を解放させたのは、GHQである。総動員体制のもとで解散して存在しなくなっていた労働組合を結成するように奨励したのも、GHQである。そうすることが日本の非軍事国家化、民主化に利すると考えたのだ。経営者サイドも、労働運動の高まりを、GHQが与えた第一の試練として受け止めていた。

ところがＧＨＱにとっても思いがけないほど、日本共産党は大衆の支持を得た。労働運動でも強い勢力を持った。国民の多くが窮乏生活を送っていたから、労働運動は激しい高まりを見せた。一九四六年十二月に「吉田内閣打倒国民大会」が皇居前で開かれると、五十万人が集まって気勢を上げる。吉田首相は翌年の「年頭の辞」で、その人々を「不逞の輩」とののしったが、それで組合側はますますヒート・アップし、国民の生活危機突破を要求するゼネラル・ストライキを二月一日に行うと宣言する。このストには、共産派が強い産業別組合会議も、反共的で労使協調路線の日本労働組合総同盟も、社会党左派も共闘し、ほぼすべての労組が参加することになった。

ＧＨＱとしては、鉄道輸送がストップすることは絶対に容認できなかった。スト前夜にマッカーサーが中止命令を出し、ゼネストは急遽、中止される。もし強行すれば、占領軍の武力弾圧を受けることになるからだ。

このとき、労働運動に対するＧＨＱの姿勢が変わったのだと、誰の目にも明らかになった。すると、この転換に応ずるように日本共産党への批判が強まり、共産党が支配的になっていた産業別組合（産別）の内部でも批判が表面化する。経済危機を利用して革命を目指すような政治闘争は労組の本来の目的ではないということや、少数者の独裁状態などが問題とされ、産別組合の内部に民主化同盟（民同）が結成される。民主化とは、共産党の支配を排除するこ

六

1946年の吉田内閣打倒国民大会。皇居前は人で埋め尽くされた

とである。

電産では、早くから東北で反共の動きが始まり、「東北みどり会」として活動していた。民同には左派も右派も加わったが、「東北みどり会」はその最右翼だった。

民同左派に属した中国電力の藤田進は、社会学者の河西宏祐によるインタビューで、「みどり会」について次のように語っている（河西宏祐『聞書　電産の群像』平原社、一九九二年）。

「東北の『みどり会』ですが、これはみんな海軍の中尉とか予科練あがりなんかで、われわれは青年将校といっておりました。もう戦争が終わって三〜四年になるというのに、なにやらエリのついた海軍の服を着て組合の役員会にも上京してくるわけです。彼らは徹底した反共主義で、民同という大きなグループで一緒になっても、労働組合の運動をどうするというよりも、日本共産党との対決の手段として民同に入っているにすぎない。日本共産党との関係が険しくなるにつれて、同床異夢と知りつつ勢力拡大のために、われわれはこれと手を組んだ。東北でこうした右派が台頭してくるにはそれなりの必然性があって、東北は圧倒的に日本共産党の支配下にあったんです。それに対する反動として右派が勢力をもってくるんです」

それではたんなる反共右翼のようだが、そのような団体が勢力を強めていったのは、イデオロギー云々よりも、職場での共産党員のふるまいに対する反感が大きかったのだろう。みどり会側の記述によれば、次のような不満が蓄積されていたようだ。

組合幹部とその取り巻き党員たちは、やみ白米をふんだんに食い、あまっさえ、それを家庭にも届けさせたり、会社の実権をもその手の中に収めて、人事は偏向的に行なわれ、昇給さえも党員と非党員では大きく格差を開いていった。これらのことに対する組合員の批判的なささやきは、誰からともなく直ちに共産党に通報され、批判したものは共産党員によって、徹底的につるし上げられたうえ、望みもしない他の職場へ転勤させられて、著しい差別待遇を受けた。日本共産党員である組合幹部に迎合した人々のみによって、職制が築かれ、『党員に非ざれば、人に非ず』という常軌を逸した当時の状態では、誰もが明日の自分の職場が保証されないまま、日夜不安と陰鬱の中に過さざるをえなかった。（東北電労歴史編纂委員会編『不滅の炬火をかざして――東北電労十年史』東北電労、一九六〇年）

あくまで対立している相手を批判した記述であり、なかには、党というより個人の資質の問題ではないかと思えるところもある。たとえば闘争の応援のために地方の組合員から本部に送られてきた食糧や酒を幹部たちが独占していたなどということは、左右を問わずに見られたようだ。

右派幹部の連中は、夜になると酒を飲みながら花札に興じることが多く、一方左派は酒を飲むにしても、天下国家論や人生論に熱中したようである。一般組合員は文字通り食うや食わずの状況であったが、組合本部には左右を問わず〝小さな権力〟の座にある者の驕りがあったことは否定できない。（益子純一編著『検証 レッド・パージ』光陽出版社、一九九五年）

いかにもありがちな小ボスたちのふるまいだが、共産党勢力の強いところでは、小ボスはすなわち党員だったわけである。東北配電では、社長を追放して組合が経営権や人事権まで掌握したが、入江浩委員長と佐藤栄蔵書記長は「入江天皇・佐藤東條」と揶揄されるほど権力的な態度だったというから、理屈抜きの反感も募っていたことだろう。一九四八年に民同派によって両者は失脚させられ、電産の東北地方本部は民同が掌握する。

そもそも労働組合の活動を、組合とは別の組織である日本共産党が指図することに、不満

六

は当然あった。そのような状態から組合を解放することが「民主化」とされたのである。

一方、共産派からすれば、民同派とは「昨日まで軍国主義のお先棒を担いでいた地域や職場の指導者の一部」が敗戦と同時に「素早く〝民主主義者〟に変身し」、「戦後の労働運動に加わった」、つまり偽装民主主義者たちだった。だから「絶大な権力を握る占領軍が反共政策に転換し、風向きが変わると付け焼刃ははがれた。またも彼らの変わり身は鮮やか」で、「占領軍、政府、会社側との緊密な連携」をとるようになったのだと、痛罵すべき存在だった（『検証 レッド・パージ』）。

どちらにとっても、「民主主義」は錦の御旗だった。共産派と民同派は激しく衝突し、一九五〇年五月末の電産全国大会が乱闘騒ぎになって流会したときから、民同派が中央本部を掌握する。民同派は、その流会の責任は共産党員の暴力行為にあったとして、「特別指令（ゼロ号指令）」を電産の下部組織に発した。

それは、共産党を批判し排除すると宣言した文書について、了承する旨の「確認書」を提出せよという指令である。文書には、「日共の罪悪は枚挙にいとまもないものであるが、凡ゆる場合をつうじて、明白な事は、彼等の行動が常に組合の決定よりも党の決定に忠実であり、共産革命の遂行を唯一絶対の目標として、他のすべてを手段視し、その野望達成のためには、如何なる混乱も暴力も敢て辞さぬ破壊的な傾向を有していることである」、「国際赤色帝国主義の利益のために組合デモクラシーを否定し、組織の破壊者たる日本共産党の指導に盲従する極左分子及びそれ等の一切の影響を断乎排除する」、「我が電産を含む多くの組合を、自己の政治謀略に利用せんとして、呪うべき赤禍を及ぼした事実にたいしては、もはや同志ではなく、ハッキリと敵であるとの認識を強くする」などの激しい文言が並んでいた。この内容を了承するという確認書を八月十日までに提出させ、それを審査したうえで、新たな組合員名簿を作るという。要するに「踏み絵」だった。

当時の日本共産党は、コミンフォルムからの批判を受けいれ、反米武装闘争へ路線を切り替えていた。以前から弾圧を強めていたGHQでは、五月三日にマッカーサーによる共産党追放の声明を出し、六月六日には日本共産党中央委員会の幹部二十四人を公職追放、翌日には機関誌『アカハタ』の編集部幹部など十七名を追放している。六月二十五日に朝鮮戦争が勃発すると、その翌日には『アカハタ』の発行を停止させた。主流派幹部は地下に潜り、日本共産党は半ば非合法組織となる。

このような状況下で電源破壊を指示する文書まであるとなれば、続発する怪事件が日共のしわざとみなされたのも当然だろう。

民同派は、電源の防衛に立ち上がった。とくに危険視された場所は、やはり猪苗代である。以前から電産の猪苗代分会は、労働運動を通じて党勢を拡大し革命へと展開しようとする政治闘争を行っていることが批判されてきた。

共産党中央幹部は、間断なく猪苗代電源地帯を訪れては、日発猪苗代の共産党細胞に対して徹底的な共産教育をほどこし、闘士の育成に努めるかたわら、猪苗代地区の「解放地区」化のために精力を傾注した。日発猪苗代はかくして急速に「赤色電源王国」の建設へと進んだのである。（『不滅の炬火をかざして』）

細胞とは支部、分会のことである。二・一ストの失敗以後、日共は「地域人民闘争」を方針としていた。それぞれの地域で「共闘」し、それぞれに経営側と交渉して、その状況に応じてストライキを実行するというものだ。一方、民同は中央本部が交渉し、全国に一斉に指示を出す「集約闘争」を方針とした。民同が中央本部や東北地方本部、福島県支部を掌握しても、猪苗代分会では地域闘争をつづけていた。しかもコミンフォルム批判で表面化した党の分裂状態のなかで、猪苗代は「国際派」が占めており、「主流派（所感派）」とは対立的になっていた。猪苗代分会は孤立状態だった。

それで猪苗代分会の闘争は独走（「山猫スト」）だとして批判されていたのだが、そのうえに電源破壊の嫌疑までかけられたのである。

六

東北各地の民同派からの強い働きかけが続き、やがて猪苗代分会のなかにも民主化同盟が結成される。さしもの「赤色電源王国」も分裂し、共産派の活動家が切り離された。

電源防衛大会

八月十三日、民同派は、若松市公会堂で電源防衛大会を開く。東北各地の民同派や右翼活動家など、五百三十名が集い、「日本共産党の発電所破壊を吾等の手で守れ」「民族の裏切者ソ連の犬日共を叩き出せ」など、五つのスローガンが承認された。

このとき、三つの決議文も決められたが、宛先ごとに色合いが違っていて面白い。

まずマッカーサー宛の決議文は、「世界民主主義の成長と防衛の目的を達する」ためには、「ソ連共産党を打倒し、世界共産化の野望を根本的に粉砕」しなくてはならないが、北朝鮮の侵入に対して、非武装国である日本ができる協力は、「共産党の破壊対象である重要産業、特に電源を完全に防衛し、日本経済の復興を図り、世界平和に貢献する以外に道はない」と、兵站基地としての貢献を意義として電源防衛の決意を述べている。ＧＨＱは労働運動の激化を抑えるため民同を支援していたが、民同側もお役に立ちますとアピールしているようだ。

一方、日本共産党あての決議文は、もちろん宣戦布告である。

六

（略）日本共産党は現情勢下に於て反戦を煽動し、偽装の平和と独立を唱へ、これを反米闘争に集中すると同時に、重要産業の機能麻痺及び破壊を狙っている。最近に於ける電源地帯の事故の頻発及び奇怪なる無数の行動は世間の関心を高めている。

吾々は東北地方電源防衛大会を開き、日本共産党の電源破壊及びゲリラ活動を封殺し、日本民族の独立と繁栄のために民族の敵、日本共産党を倒し、之に追随する、一切の極左分子を徹底的に撲滅する事を宣言する（略）。

じつに勇ましい。まるで公安組織による悪党殲滅の宣告のようだ。

これらとまた違うのが、総理、通産、法務大臣、国警長官、東北各知事、日発総裁、各支店長、各配電社長にあてた決議文である。

（略）吾々は共産党の電源破壊に対しては、断々乎として、これを防衛しなければならない。電気事業は、日本再建の動脈である。これが分断は、産業復興を阻害し、事業の公共性を無視する暴挙と言うべきである。すなわち一方に共産党の電源破壊の陰謀あり、他方には分断を策動する者が政府及び政党並に企業家の中に巣喰っている。彼等は民族の危機を目前にして、一家の保身に汲々とし、分断によって漁夫の利を得んとするものである。斯る策動は断乎排撃しなければならない。
吾々は茲《ここ》に、東北地方電源防衛大会を開き、政党、政府、企業家の猛省を促し、電源防衛はすなわち、日本民族の防衛たる信念に徹して再出発することを切望するものである（略）。

共産党からの電源防衛を主張していると思ったら、ほとんどが電力事業再編成問題で分割案を主張する勢力への批判になっている。日発の分割も、彼らにとっては電源を破壊する策謀だった。つまり再編成をめぐる論争も、電源防衛戦だったのである（以上のスローガンや決議文は『福島県労働運動史　戦後編　第三巻』による）。

こうして八月半ば、電源を防衛せよという運動は頂点を迎えた。

戦前の「帝都暗黒化計画」

ここでいったん時間をさかのぼってみたい。電源破壊の陰謀は、戦前にも知られているからだ。

六

まずは関東電気労働組合が「帝都暗黒化計画」をもくろんだ、とされたことがあった。全国で共産党員の一斉摘発（三・一五事件）が行われた一九二八年の夏のことである。『東京朝日新聞』は八月九日に、その発端を「電灯大罷業の陰謀発覚す　旧労農党員の一派十数名検挙」という見出しのもとに伝えた（矢ケ崎静馬『私の見たる東電労働運動概略史』一九三四年による）。東京府淀橋町の無産芸術連盟本部で秘密会合が行われていたところに、警視庁官房労働係が踏み込み、十数名を検挙。取り調べによって、「秘密結社の計画内容」が発覚したというのである。

秘密結社とは、関東電気労働組合のことである。東京電灯株式会社では、一九二六年にひそかに労働組合が結成され、会社に賃上げの嘆願書を提出した。会社は、初めての組合からの要求にうろたえ、要求を呑むかわりに、組合を解散させ、幹部数名を馘首《かくしゅ》した。また全従業員に「私は労働組合に参加いたしません」という誓約書を提出させた。それでもう労働組合は作れなくなったのだが、社外の組合になら入れるからと作ったのが関東電気労働組合だった。一九二七、八年には全国の電気労働者が統一的に運動できるような産別組織をめざしており、また一九二八年四月一日に東京電力と東京電灯が合併した際の首切りを防ぐための活動もあって、関東電気労組の動きは活発になっていた。警戒される存在ではあった。

発覚したという計画の内容は、たいそうなものだ。

まもなく三千人もの解雇が行われると騒ぎたてて労働争議の勃発をあおり、一方で電灯料金の値下げや電柱撤去などを主張して市民の心をひきつけて大争議を引き起こし、さらに「全市の電灯線の切断等大々的運動に移らん」とするものだったというのである。検挙の際、電柱線の配置図や計画を記した秘密文書などの証拠が押収されたという。

八月十二日の続報では、「更に総罷業計画暴露す　帝都暗黒陰謀事件の取調べの進行中で」という見出しで、全国の労働者の応援を得ようと画策していたことや、電灯料金値下げ争議を応援することで市民の賛同を得てゼネストを行おうとしていたことなどが、判明したとされている。

そして八月十四日には、「帝都暗黒団の一味滅裂す　残党検挙し尽され」と、事件解決を報じている。分会の解散や多数の脱会者のあったことを伝え、「かくしてさしもの帝都暗黒大陰謀計画も今は支離滅裂の状態に陥入り労働係でも安堵の胸を撫で下した」というのである。ただし「関東電気組合委員長で某重大事件の幹部である西村祭喜《にしむらさいき》は、事件発覚後間もなく帝都暗黒化の青写真計画書を携帯したまま行方を眩まして了ったので全国に通牒して極力捜査中である」という。

計画書なるものは本当にあったのだろうか。どうやら「帝都暗黒化大陰謀」は、でっちあげであった可能性が高いようだ。「当時我々には停電スト等という実力はなく、組織された労働者は数が知れており、せいぜいビラをまく程度でした」と、当時の関係者は語っている（『検証　レッド・パージ』）。実際、報道されていた計画は「大陰謀」にすぎるだろう。それに「暗黒化」してもあまり意味がなく、むしろ逆効果にしかならなかったのではないかという気もする。メモのような「証拠」があったのかもしれないが、それを大げさな話にして、左翼の労働組合を弾圧するのに利用したといったところだろう。この事件で関電労組は壊滅し、労使協調路線の右派組合だけになる。それを狙って作られた事件であったのかもしれない。

逃亡したという西村祭喜はのちに逮捕されるが、もと猪苗代水力電気株式会社の社員だった。それで戦後には、電産猪苗代分会で伝説的な活動家として語られる一方、でっちあげにはめられた先例として、警察や会社につけいられるような軽はずみな行動をしないようにという教訓にされていたという（『発電所のレッドパージ』）。

六

クーデター計画の帝都暗黒化

この事件はフレーム・アップだったとしても、「帝都暗黒化」の陰謀じたいは実際にあった。有名なのは、一九三二年の「五・一五事件」である。

そのイデオローグだった愛郷塾の主宰者、橘孝三郎に何度も取材したという保阪正康は、橘

が帝都暗黒化計画に思い至ったときの思いを次のように記している（保阪正康『五・一五事件』中公文庫、二〇〇九年）

　土浦からの帰途、孝三郎は車中から夜景を見ていた。汽車が水戸にはいると、夜目にもはっきりとネオンサインが映った。ぼんやりとそれを見ていたが、やがて膝をたたいた。「そうだ、東京を暗くするんだ。二時間か三時間、暗くするのだ。そうすれば人びとは考えるかもしれん。〝自分たちが当たり前と思っていることが、実は当たり前ではない〟ということを考えるかもしれん」。孝三郎は愛郷塾はなにをなすべきかの方向を見出したと思った。

　電気を消す——日常生活のなかに一瞬もちこむ緊張は人びとになにかを考えさせるはずである。いや考えなければならないのである。農民が蔑まれしいたげられているこの現状が、当たり前なのではなく、異常であり、だからこそ農民たちが怒って起ちあがったのだ、ということを知ってもらわねばならない。

　すでに電灯の明るさが「日常」となっていた東京に、暗闇の時間をもたらすことで、その「日常」が「当たり前」のものではないこと、農民の犠牲のうえに都市の消費生活があるとい

六

う異常さに気づかせようとしたのである。予期せぬ停電という一種の危機状態を意識革命のきっかけにしようとしたのだ。

決起の当日、愛郷塾の若者たちが、尾久町、鳩ケ谷、淀橋、田端の変電所を襲撃し、配電盤のスイッチを切ったり金槌でたたいたり、電動ポンプを止めたり、手榴弾を投げつけたりした。だが扱いなれない手榴弾は、ほとんどが不発に終わった。すぐに所員がかけつけたこともあって、帝都は「暗黒」にはならず、テロルだけが行われた。

一九三五年にも、国家改造をめざす右翼団体、天行会が「帝都暗黒化」をもくろんでいる。それは次のような計画だった。

右翼浪人の児玉誉士夫と岡田理平が一隊をひきいて、鬼怒川発電所や猪苗代発電所からの送電線をダイナマイトで爆破し、帝都を「暗黒化」する。同時に別動隊が重臣らへのテロルを行った後、放火したり、爆竹を鳴らしたりして、「暗黒化」した帝都をパニック状態に陥れる。そうすれば戒厳令が敷かれ、きっと皇道派将校たちがクーデターに決起し、新政権を樹立するはずだという、成り行き任せながらも、まさに大陰謀だった。

この計画は、用意した手榴弾がアジトで爆発したために発覚し、頓挫する。

結局、「暗黒化」が成功したことはなかったわけだが、軍事クーデターの一環としての計画は確かにあった。五・一五事件のときは、失敗とはいえ実行もされた。それに対して、電力労働者による破壊計画があった可能性は低い。

猪苗代の怪事件

では、一九五〇年に騒がれた電源破壊とは、どのようなものだったのだろうか。

『発電所のレッドパージ』によれば、前年の松川事件よりも前に、猪苗代第二発電所ないしは第三発電所を爆破し、それを電産の猪苗代分会の犯行に仕立てるという謀略が進められていたという。その計画を知った猪苗代分会の執行部は、全国の注目を集めることによって謀略の実行を防ごうと考え、大量のビラを刷って全国の分会、支部へ送った。その効あったか爆破はなかったが、むろん、これではまったく実体のない話である。

しかし一九五〇年になると、発電所や変電所のまわりで機械や電線、ダイナマイトなどの盗難事件が続き、怪しげな人物が歩き回っているという噂や報道が次々と現れてきたという。

・戸ノ口第三発電所に賊が入って、三〇キロもある変圧器の冷却用扇風機を盗み出したが、宿直員にみつかり、扇風機を捨てて逃げていった。

・河沼郡日橋村の電柱一〇本の間で厳重な警備にもかかわらず九百メートルが切断され

六

第125号　福島民友新聞

電源破壊計畫か
猪苗代で怪文書発見

送電線や重要機関の施錠が相ついで破壊され注目をひいていた日発猪苗代第一発電所配電室で去る十九日夜同所技術員吉村資雄君が膳棚開閉所の爆破計画書と思われる怪文書を発見、同所長から廿二日若松地区署に届出た、同署ではこれを重大視して直ちに国警県本部に連絡するとともに本部ではさきに扇風機窃盗事件捜査のため派遣していた捜査課熊田警部補に捜査を指令、若松地区署と緊密な連絡の上怪文書の解明にのりだした

東京送電の重要施設　計画箇所

1950年7月23日『福島民友新聞』では、爆発計画書と
思われる怪文書について報じられている

た。

・郡山近くで市外電話回線が延長七百八十メートルにわたってペンチのようなもので切断されていた。地面や電柱に足跡が残り、近くを並行して走っている進駐軍用の長距離ケーブルには手出しをしていない。切られたのは素手で触っても安全な電圧二四ボルトの電線だったので、そのことを知りうる、電力会社の内部情報に通じた者の犯行とみられた。

・膳棚開閉所のスイッチボックスが壊された。

・秋元発電所の水の取り入れ口水門のエア蓋が締め切られていた。

・猪苗代第一発電所の発電機のうちの

一基が原因不明の油漏れで故障した。

ただのデマもあったのかもしれないが、多くは何者かが実際にやったことではあったのだろう。いずれにせよ、こうした怪事件は共産党の破壊工作と思わせるように伝えられた。

福島県の地元紙『福島民友新聞』の論調はとくに激しく、七月十九日には「電源爆破計画か　猪苗代で怪文書発見」という見出しのもと、猪苗代第一発電所の配電室で技術員が「膳棚開閉所の爆破計画書と思われる怪文書」をみつけて、所長から若松警察署に届け出たという記事を掲載する。計画書らしきものとは、半紙大の紙数枚に鉛筆で「ぜん棚開閉所爆破計画」と書かれていて、開閉所を中心にした配電略図が描かれ、メモには「……雷発生中、吉田首相所信を表明……人民政府、首切反対……右か左か……共産党……破壊戦術、保線区、ぜん棚夜中二時」などの言葉が並んでいたという。こんなメモを「計画書」と呼ぶのはいくらなんでも無理があるだろう。だが記事には、膳棚開閉所が会津地方の各発電所から集まる電力を東京方面に送る重要な連絡施設であることや、配電室が電産の猪苗代分会の支社班がよく会議に使う場所であることなども説明されて、ことの重大さが強調されていた（『発電所のレッドパージ』）。

また、未遂事件の首謀者として実名が報道されたこともあった。

六

「レッド・パージの一ヶ月前に、福島県の『福島民友新聞』に「電源爆破未遂発覚」と、ものすごくでかく出たんです。その首謀者が僕だと実名で出ているんです。うちのおふくろが福島県にいて、それを読んで腰をぬかしたんですから。『福島民友新聞』の当時の編集長と田中清玄と、当時の福島県知事石原幹市郎の三人は弘前高校で一緒なんです。これは非常にデリケートなことなんです。そういうかたちでパージ一ヶ月前にフレーム・アップされたわけです。鉄道は実際に犯罪をやらなければ死刑になりませんけれども、電気事業法の場合は、未遂事件でもやられるんです。未遂発覚で十分なんです。それでやってきたわけです」。（出崎友也の証言『聞書　電産の群像』）

田中清玄については後で記すが、電源防衛隊を率いて大活躍した右翼活動家である。ここでも述べられているように、「電源破壊計画とは、レッド・パージの準備として行われたフレーム・アップであった」というのが、疑われた側の主張だった。国鉄の下山事件などの怪事件は、国鉄職員の大量解雇を円滑に行うために利用された。今度は、電産のレッド・パージを進めるために、電源破壊をでっちあげたというのである。

レッド・パージとは、狭義には一九五〇年に官公庁や学校、主要な大企業などから共産党員やその「同調者」が大量に追放されたことをさす。電産では八月二十六日に二千百三十七人がパージされた。全体で一万二千人ほどが追放されたが、もっとも人数の多かったのが電産だった。

レッド・パージの「準備」

レッド・パージは、GHQが日本政府に、アメリカ本国で始まっていた「赤狩り」のようなことをやってはどうかと提案して行われた。意をうけた大橋武夫法務総裁は、周到にパージの準備を始める。標的の中心は、電産だった。

大橋は、竹前栄治によるインタビューに、電産は「共産党こちこちのもっとも先鋭的な組合だったので、やるのならばこれからやり玉にあげなくちゃ、生半可な奴からやって、おそろしい奴を放っておくのじゃ効果がないから、あの一番偉い奴をやっちゃえということ」で、まず電産からレッド・パージを始めたと語っている（竹前栄治『戦後労働改革』東京大学出版会、一九八二年）。

実際は、主要マスコミ八社のレッド・パージが電産より早い七月二十六日に行われているが、全国の地方紙まで含めたマスコミのパージには八月末までかかっているので、電産が先だったとしているのだろう。あるいは、まずマスコミのコントロールから始めたことを曖昧

六

にした可能性もないとは言えない。いずれにせよ、大橋が「おそろしい奴」「一番偉い奴」と言うように、電産は「輝く電産」と呼ばれた労働運動界の花形だったから、まず処置すべき標的とみなされて当然ではあった。

電産は、まだ日発と九配電会社の労働組合が連合した電産協（日本電気産業労働組合協議会）だった一九四六年の「十月闘争」の結果、労働者とその家族が最低限の生活を送れる給料を保証する「生活保証給（電産型賃金体系）」や男女同一賃金、退職金、一日八時間労働、時間外手当、年に二十日の有給休暇を認めさせるなど、画期的な成果をあげていた。

しかも賃金や雇用条件だけが闘争の目的ではなく、第一の要求は、電力事業から国家管理と官僚統制を排除し、大企業に電力を優先供給するようなことのない「大衆のための電力」にしようとする「電気事業社会化（民主化）」だった。電産が電力再編成問題で一社化を主張したのは、そのためでもあった。大衆の事業経営に対する監視機能を備えた「民主的公社」をめざしたのである。同じ一社案を主張した政治家や企業家らとは呉越同舟だったと言えるだろう。理想主義的な発想とも見えるが、官僚の現場を軽視した経営や傲慢な態度に我慢してきた社員たちの怒りも、その前提にあった。

これらの要求を通すまでには、むろん激しい団体交渉が繰り返されたが、電産が最強の武器としたのは「停電スト」だった。

電力業界では、電気供給を停めてしまうわけにいかないので、通常のストライキはできない。そこで当初は「生産管理闘争」を行った。組合が経営して、経営者以上の利益をあげるという闘争である。当時はほかの業界でも、世の中が深刻な物資不足で、また失業者にあふれている状況で、生産を停止するストを行うわけにはいかないと考え、この戦法をとっていた。経営者のなかにはちゃんと操業せず、軍需生産用だった原料などを隠匿しヤミに流して利を得ていた者も多かったので、そのような隠匿物資を摘発することも、この闘争には含まれていた。

しかしGHQは、この闘争方法を認めない。しばしば暴力的な行為を伴うことや、生産設備を組合が管理するのは「私的所有物への侵害」であり、共産主義の「人民管理」に近づくものとみたからだ。あくまでストライキが正当な闘争手段だというのである。

しかし電力会社ではストライキはできない。そこで、家庭への送電を区域ごとに五分間ずつ停める「五分間停電スト」を行うことにした。事前に警察に出向いてその実施を告げ、電力の指揮権は我々にあるから、もし我々を検挙したら、電力は停まったままで回復しないし、電力設備がどうなるかわからないぞと脅しをかけたという。この脅しには十分効果があり、警察の介入は一度もなかったという。一方、占領軍は中央闘争委員会の三役の胸にカービン銃を突きつけ、GHQへの出頭を命じた。そして決して停電させてはならない箇所を十数項目に渡って告げたという。これに対して、努力はするが分別して送電することが技術的に不可能な場所もあるし、そもそも命じられている範疇が曖昧なのでわからない、どうしてもだめだと言われても、生産管理はだめだ、やるならストライキだと言ったのはGHQじゃないかと反論すると、相手は何も言えなかったという（佐々木良作『「一票差」の人生――佐々木良作の証言』朝日新聞社、一九八九年）。

六

そうして「五分間停電スト」は、十月二十一、二十二日に行われた。さらに二十三日には、おもな工場への送電を三時間半停めるという停電ストも行う。だが政府や会社、GHQはこのやり方を批判し、交渉は進まない。政府は、電産協の要求に従えば電気料金を三倍にも五倍にも上げねばならずインフレがいっそう激しくなると宣伝し、世論を味方につけた。

批判を浴びつつも電産協は要求を貫き、今度は、病院、水道、炭鉱などの人命にかかわる施設や製鉄所などのいったん停めると操業再開が大変になる工場を除いて、全国の送電を毎日、正午から午後五時まで停める「大停電」を十二月二日から実施すると宣言する。警察やGHQは脅しをかけてきた。しかし、ついに会社側が折れて妥結、十二月二十二日には調印にいたる。要求はとりあえず、すべて合意された。

翌年五月、電産協は単一産業別組合（産別）へと発展し、電産となった。十月闘争で勝利したのは電産だけではないが、規模といい、実力といい、また要求内容の先進性においても、電産はまさに労働組合のエースだった。

大橋法務総裁が、まず電産からパージせねばと思ったのは当然だった。むろん吉田茂首相にも許可を取っている。反共主義者の吉田に否のあるはずもないが、電産については、電力事業再編成の分割案を有利にするためにも、その勢力を削ぐことは好ましかった。

しかし、相手は電産である。電力施設が彼らの手のうちにあるのだ。大橋は警察を動員しなくてはならないと考えた。

「こいつをうっかりしくじると発電所を壊されるでしょう。とにかくバケツに砂を一ぱいもってきて発電機にシャーとかけると、それでもう何万キロという発電機はふいですからね。そうすると何日間か停電ですから、これをやられたら大変だ。下手すれば革命までもっていかれる。それでどうしようかというので、結局こいつは、電燈会社はやりたいのです。ところが自分の力じゃやれない。警察の援助がなきゃやれないわけなのです。ところが警察のほうはそこまでやったら警察の責任ですから警察はやりたくないわけなのです。しかし最高方針はやるとなっておりますから、だから電燈会社のほうでその気になってやるという。その代わりこれは二か月ほど準備期間がいる」（竹前栄治『戦後労働改革』）

「最高方針」とは、ＧＨＱの方針という意味だろう。大橋は国警長官を呼び、警察に全面的にやらせるように命じた。「最高方針」のもとでは、「警察の責任」などは無化したようだ。

大橋は警察に、予行演習をさせる。パージの日には、武装警官隊が社屋や発電施設にきて守備につき、いつものように出勤してきたパージ対象者が職場に入るのを阻止する。その予行演習を繰り返して、組合員の不安や恐怖心をあおったのである。

「トラックに武装警官をのせて、防護すべき発電所、変電所、そこへいったらパッと飛び降りて、そして中へ完全武装の者が飛び込むということ、そしてかねてから知らされてある発電機あるいは変電機のところへいって、ピストルをちゃんともって警戒の位置につく。こういう演習をやれ。そして警察官は制服制帽でなるべくものものしい恰好をして、従業員によくみえるようにいけということで、そいつを三回やらしたのです。それで政府の決意のほども労働組合にはわかったわけだ。全国でやらしたですからね。おそらく七八十ヶ所やらしたのじゃないでしょうか各府県全部。それだから労働組合もいままでかくれ勝ちであった警察官がこれみよがしにピストルをひらめかしてやってくるところをみると、何か変ったことがあるのではないかと気味悪がっていたでしょう。そこへ当日ぱっと警察官が来たものですから、職場でもど胆をつぶしてしまって全国で全く事故もなしですわ。それでまず第一発で見事に成功したものですから、この勢いでいけというので、次々といったのです。新聞、放送それから炭鉱、鉄鋼、全部いったわけなのです。何万人だか切ったのです」（『同前』）

威勢のいい口調から察するに、大橋には小気味いい思い出だったのだろう。

パージの当日、とくに警戒された場所では、鉄条網で囲んだ変電所に四、五十人もの警官が押し寄せ、機関銃を持ったＭＰ（米陸軍の憲兵）も立つという、ものものしさだった。

パージされると、共産党員でなくとも、それどころか経営者による「便乗解雇」であっても、〝赤〟とみなされて、どこにも再就職できず路頭に迷うことになった。「便乗解雇」は横行したようで、九月、十月には、エーミス労働局長が主要産業の労使代表を呼び集めては、「便乗解雇」をせぬようにと戒めている。前年に財政を健全化するために実施されたドッジ・ラインによって深刻な不況となり、大幅な合理化が必要になっていた企業では、レッド・パージを人員整理の機会として大いに利用したのである。

ところで大橋は、レッド・パージの準備に二か月かけたと言っている。ちょうどその間に、

六

電源地帯での怪事件も多発した。なんでもないミスや事故を利用してのフレーム・アップも行われたようだ。それらも「準備」のうちだったのだろうか。

本章の冒頭で引用した新聞見出しのうち、八月二日の、容疑者が起訴された「下原事件」というのは、じつはただの事故だったという。「当初、会社も誤操作による事故としていたのに、警察が介入してからは態度を変えて裁判にまでなった」というのである。ミスでも事故でも犯罪とされるのでは、労働現場は委縮せざるをえない。どのような理由で罪に問われたり、会社を首にされたりするかわかったものではなかった。発電所では「特に人の少ない夜の当直はやらないように気を配った」という（高橋理「思い出すことども」）。

このようなピリピリとした空気を利用して八月、東京分会の九つの変電所（花畑、尾久、亀戸、小松川、立川、昭和、京北、田端、鳩ケ谷）に、田中清玄の手で交番が建てられた。彼らは交番を作る一方、職制の手を通じ、外務省の嘱託という名で、「朝鮮情勢を話す」といって反共宣伝を行っている。交番問題を彼らがいかに重視していたかは、全員の首切りの理由に、「交番設置を批判した」点をあげているのでも分かる。職場の中に「交番」があり、仕事をしているところを警官がパトロールするなど、戦争中の軍需工場でもなかったような「非常事態」が大きな抵抗なしに許された不思議は、今もって私にはわからない。（「同前」）

その「不思議」が許された理由の一つは、やはり大橋の言う「最高方針」、すなわちＧＨＱの意向という前提にあったのだろう。「超法規措置」だった。レッド・パージの実施に先立って、ホイットニー民政局長は田中耕太郎最高裁長官に、「裁判所は経営者による共産主義者の指名解雇に疑義をさしはさんではならない」と命じていたという（竹前栄治『戦後労働改革』）。それでは「便乗解雇」が横行したのも当然だった。無法なやり方を認めていたようなものだった。

そして当時の人々がこの無法な処置を許容したのは、次々に伝えられる電源破壊に関する情報のためだっただろう。個々の事件の実状や虚実はほとんど追及されることなく危機感や警戒感ばかりが高められ、無法な排除もすべきこと、正しいことと感じさせた。そしてレッド・パージはスムーズに実行されたのである。

七

電源防衛隊、二つの活動

——電源防衛戦ＰＡＲＴ２

日発ではレッド・パージの「準備」を、GHQの指示より早くから始めていたらしい。解雇候補者の選定にかかっていたというのである。このことを指摘した河西宏祐『電産の興亡』(早稲田大学出版部、二〇〇七年)は、その理由を、外資導入による電力産業の復興が急務とされていたなかで、GHQや政府のご機嫌を損なうことのないように「治安維持的対処」として行われたのだろうと説明している。それもあったかもしれないが、電力事業再編成の議論で一社化案を有利にするためでもあったのではないかと思う。一社化は労働組合が強くなりすぎて危険だとする意見もあったからである。また、組合に対してあまりに劣勢にあった経営側が早くから挽回の機会を狙っていたということもあるだろう。のちに東京電力社長となる木川田《きがわだ》一隆《かずたか》は、当時、関東配電の労務部長として電産とわたりあう立場にあったが、その思い出を記した文章には、下剋上に対する屈辱感がにじんでいる(『私の履歴書　経済人13』日経新聞社、一九八〇年)

> 戦時中、職場を死守し、会社のためには命をささげると誓ったひとびとが、こんどは赤旗をふりまわし、社長や役員をへいげいして、自己批判させるようなことになってしまった。関東配電本社の四階ホールは、一時電産が占領し、わたくしは地

下室で、まかないのおやじとボソボソ食事をとる日がつづいた。かつては日本の電力の宗家ともいうべき場所が、完全に赤旗に包まれ、怒号はくり返された。

木川田は昼夜の別なく、大勢の興奮した組合員に包囲された状態で折衝を続ける。

七

ある交渉の時のことである。いつもの伝で電産側は社長団の一人一人をつるし上げて、社長団の団結を分断し、その虚をつく戦術に出た。順番が中国配電の鈴川社長に回ってきた。氏は広島の財閥出で、残り少ない資本家的な風貌のひとで、傲然として、「吾輩は」と切り出すやいなや間髪をいれず組合側から、「猫である!」と声がかかった。どっとばかり緊張は破れた。しかし、これをジョークとし、機知として笑い飛ばしてよいものであろうか。考えてみるとただごとではない。社長もついに下等動物扱いとなったのである。

バカと呼ばれ、つらを洗って来い! とどなられるのは日常のこと。その罵声の中には、いつも女闘士のカン高い声がまじっていた。ある支店長のごときは、非民主的と呼ばれて、組合幹部の前で土下座してあやまらせられるといった暴挙が随所に行われた。経営権を守るどころか、経営側の人格は完全に蔑視される有様であった。

このような状態にあった経営側が、GHQや政府から指示されるより早くから逆襲を考えていても不思議はないだろう。もっとも当時の労働運動のなかでは、ここに記されているような状況はまだ穏やかに見える。たとえば日立製作所の社長となった倉田主税《ちから》の『しみだらけの人生』（日立印刷（株）出版センター、一九八二年）によれば、日立では、会社幹部に暑い盛りの運動場を赤旗を持たせ尻をたたいて走らせる「熱砂の誓」や、ドラム缶の上に立たせて取り囲み、ドラム缶を蹴り転がして落ちたところを乱暴する「ダルマ落とし」など、暴力的なつるし上げも行われていた。電産でそのようなことが行われなかったのだとしたら、やはり「停電」という武器があったからだろう。交渉で経営側が強く出られなかった理由を木川田は、「電気のスイッチを握っている電産に対抗するためには、会社側としてみれば、おのずから力の限界があった」と記している。設備を掌握しているから、停電ストのようなこともできるが、その気なら設備を破壊することもできる。大橋が「準備」の時間が必要と考えたように、ここが電産の強みであると同時に、危険視される理由でもあった。

七

電源防衛隊、出動す

パージの実行が近づいてからの「準備」では、これまで何度か名前の出ている田中清玄が電源防衛隊を率いて大活躍した。戦前に共産党書記長から獄中転向し、反共右翼の活動家となった人物である。自伝によれば、田中が電源防衛にかかわったのは、かつて日共の書記長だった縁で、ソ連のスパイが接触してきて、そのたくらみを知ったことがきっかけだったという。

「ソ連が私を使ってやらせたかったのは、電力や輸送機関の破壊工作でした。これをやられたら米軍は身動きができませんからね。それで私は、「祖国防衛・平和安定のための電源防衛・食糧増産・生産・運輸の安全」をスローガンに掲げ、全国各地の電源・石炭地帯を中心に電源防衛隊を組織して、彼等の破壊工作に対抗したのです。一九四九年には三鷹事件、松川事件が起きていますが、あれはみな国鉄を寸断して、日本の輸送路を断ち送電線を断って、日本を米軍の基地として機能しないようにする、彼等の後方攪乱工作の一環ですよ。私は今でもそう確信しています」(『田中清玄自伝』文藝春秋、一九九三年)

三鷹事件も松川事件も被告とされた共産党員は裁判で無罪となった。しかし田中は判決を信じないのか、どのみち真犯人は共産党員だと決めつけているのか、いずれにせよソ連に命じられた日共の破壊工作だと堅く信じていた。では、なぜソ連のスパイは田中に声をかけてきたのだろうか。その思惑を、田中は次のように説明している。

ソ連は、中国がより強大化することを懸念し、アメリカと戦わせようと考えた。そこで北朝鮮に戦端を開かせて、中国を米国との戦争に巻き込もうともくろむ。ただしアメリカが勝っては困るので、米軍の兵站基地である日本の運輸と電力とを破壊して後方攪乱をしたい。その工作を田中に依頼してきたのだという。日本共産党でなく田中にやらせようとしたのは、当時の日共は、米軍を「解放軍」と持ち上げ、「愛される共産党」などという方針をかかげており、とても敵と戦う意思もなければ組織もないとみてのことだった。しかし、まもなくコミンフォルムは日共を糾弾する声明を発表する予定だと、スパイは話したという。

田中は、コミンフォルムの日共批判が実際に出されたことで、スパイの語ったことは本当だと判断し、朝鮮戦争が起こることを確信して、吉田茂やGHQのアーモンド参謀長に情報を伝えた。彼らはすぐには信じなかったが、カウンター・インテリジェンスの結果によってか、コミンフォルムの日共批判のあったことによってか、信用されるようになったのだとい

七

う。時系列に矛盾があるが、コミンフォルムの批判で確信を得てから吉田らに話したかのように言っているのが実際はそれ以前のことらしいので、それならそこは一応つじつまはあう。しかし田中は国鉄の怪事件が日共のしわざだったというのだから、根本的に話が成り立たない。国鉄の事件はコミンフォルムの批判よりも前のことだ。それが本当に日共のしわざなら、批判の必要も、また田中にやらせようとする理由もなくなってしまうではないか。

田中は日常的にホラ話が多く、自伝もホラばかりと評する人さえいる。一方ではホラのような破天荒な人生を現実に生きた人でもあったので判断は難しいが、本人の言ったままに信じては危ういだろう。田中の語りでは、まるで吉田やGHQは田中の情報によって動かされていたかのようだ。しかし現在では、南進したがる金日成に対して、スターリンも毛沢東も当初は米国の介入を恐れて消極的だったことがわかっている。スターリンは金日成の希望を受け止めて準備はさせながらも、はっきり開戦を承認したのは一九五〇年四月のことだった。デイヴィッド・ハルバースタム『ザ・コールデスト・ウインター 朝鮮戦争』（山田耕介・山田侑平訳、文藝春秋、二〇〇九年）は、一月十二日にアチソン米国務長官が行った演説でアメリカの防衛ラインの内に韓国と台湾を入れていなかったことから、朝鮮半島の戦争に米国は介入してこないだろうと推測され、スターリンの態度が変わったとしている。それはコミンフォルムの日共批判より後である。それに中華人民共和国の成立は一九四九年十月である。ソ連のスパイの田中への接触は一九四八年の秋だという。一年ほど接触が続いたとはいうが、ソ連が中国の強大化を懸念してという解釈は後づけのように思える。

ちなみに中華人民共和国が成立すると、年末には毛沢東がソ連を訪れ、翌年二月に中ソ友好同盟相互援助条約が結ばれる。その条約における仮想敵国は「日本、および日本の同盟国」だった。コミンフォルムの日共批判は、その条約締結までの間に出されているから、狙いは後方基地の攪乱というより、もっと直接に仮想敵国へのくさびとすることだったかもしれない。開戦を決めてからも、スターリンも毛沢東も金日成も、米軍は出てこないで、日本軍を送り込んでくるだろうと考えていた（A・V・トルクノフ『朝鮮戦争の謎と真実』下斗米伸夫・金成浩訳、草思社、二〇〇一年）。

一方、アメリカ側は、一九四九年六月には北朝鮮専門の諜報機関を組織し、多くのスパイを北朝鮮の政府や軍の中枢に送り込んでおり、動向をかなり把握していた。早くから北の攻撃のあることを予期し、その情報を米政府内でのタカ派勢力拡大に利用しつつ、また共産主義者への弾圧を強めていた（萩原遼『朝鮮戦争——金日成とマッカーサーの陰謀』文春文庫、一九九七年）。ハルバースタムによれば、マッカーサーやウイロビーはＣＩＡに敵愾心をもっており、またいざというときには自軍だけで対処できると過剰な自信をもっていたので、その情報を信頼できないとして対応もせず、結果的に北朝鮮の進軍は寝耳に水となってしまったという。萩原は、米側

七

が攻撃を知りながら軍事介入の機会とするためわざと攻撃させたという謀略説をとるが、いずれにせよ、田中の情報も耳新しくはなく、同じように無視されたということではなかろうか。

田中が、自分を大きく見せるように語り、また自分に不都合なことを語っていないのは明らかだろう。だが、とにかく田中が率いた電源防衛隊の活動はめざましかった。GHQや吉田の田中に対する態度が変わったのだとしたら、むしろこの方面に「使える」とみてのことだったかもしれない。

田中の自伝をまとめた大須賀瑞夫は、関係者への取材などを重ねて『評伝　田中清玄』(倉重篤郎編、勉誠出版、二〇一七年)も著している。それによれば、田中が電源防衛に動いた最初は、木曽福島の大滝発電所で「共産党に指導された労働組合員が発電所を占拠。入り口にピケを張った上に、道路上にくぎをばらまいて車両の通行を妨害し、会社側の管理や統制がまったくきかなくなった」という出来事を聞いた、一九四九年春のことだったという。これは危険だと察した田中は、ただちに日発の櫻井督三副総裁、山本善次総務理事に面会し、早急に手を打つ必要があると力説する。組合運動に手を焼いていた経営側は渡りに船と申し入れを受け入れ、協議の結果、四九年暮れには福島県会津若松地区、群馬県渋川地区、長野県木曽福島市地区を重点地域として、労組との全面対決に入ったという。電源防衛隊の出動である。

ということは、コミンフォルムの日共批判が出るずっと前から電源防衛運動の準備に動いていたことになる。中華人民共和国の成立よりも前だ。ますます時系列の整合がとれないが、とにかく田中は日発と組んで電源防衛運動に乗り出した。

表と裏の電源防衛運動

田中清玄は、非合法時代の武装共産党の書記長として活動中の一九三〇年に逮捕され、約十一年を獄中ですごしている。その間に転向を宣言し、反共主義者となった。一九四一年五月に釈放されると、三島の龍沢寺で、政財界に多くの帰依者をもつ臨済宗の僧、山本玄峰の侍者となり禅を修行する。一九四四年、玄峰から仕事をせよと言われ、食糧増産が今後の最大の課題だからと土建会社、神中組を起こした。

『評伝　田中清玄』によれば、神中組を起こしたときに加わった仲間は、小菅刑務所で知り合った、やくざの親分やその子分など元受刑者たちだったという。当初の仕事は、横浜港の港湾荷役業を仕切っていた藤木幸太郎の看板を借りての人夫請負紹介業、造船業、また民家や工場の強制疎開や地下壕掘りなどだった。敗戦後、静岡県の海軍工作学校にあったブルドーザーなどの重機、さらに校舎も手に入れ、そこに残留していた一個中隊の大半を組員とする。

七

1948年、三幸建設工業時代の田中清玄

ブルドーザーは戦時中にシンガポールで敵から分捕ってきて、同じものを小松製作所に作らせようとしたができず、そこに保管されていたものだという。他にも軍の施設から多くの重機、探照器、トラックなどを入手しており、当時としてはまれな機械化された土木会社だった。牽引車は、ドイツからUボートで届けられた設計図をもとに国内で作られたキャタピラー車で、大砲を引くためのものだったが、それが三十七台もあって大活躍したという。

このことが旧軍人を雇って兵器を集めているという嫌疑を招き、その調査を通じてGHQとのかかわり、なかんずくG2対敵諜報部（CIC）のキャノン中佐との親密なつながりをもたらす。四七年にキャノン機関と呼ばれる謀略組織を率いることになる情報将校である。

一九四六年六月、事情あって神中組を人に譲り、新たに三幸建設工業を創立する。この会社の社員が電源防衛隊員となった。大須賀によれば、「三幸建設内部でもこの活動は社長直轄の『特殊営業活動』として、まったく秘密裏に行われたので、真相を知る者はごく限られた人物だけだった」という。そして「電源防衛運動には二つの顔があった」と記す。表と裏である。

表は、佐野博、風間丈吉、高谷覚蔵などの獄中で共産党から転向した仲間の協力を得て、各地で反共を訴える講演会「電源防衛大会」を催すといった、啓蒙活動だ。

裏の活動は、「腕力のある男たちで編成され、組合側が作ったピケを破りビラをはがし、小競り合いが暴力沙汰になって組合員たちと渡り合うこともしばしばだった。大学で空手を習った体育会系の連中も加わった。体育会系の学生を使う方式は、後の王子製紙争議や六〇年安保の際の、清玄一流の闘争戦術へとつながっていく」。田中は東大空手部の出身で、和道流という流派の猛者だったので、その方面から慕う者も多くいたらしい。

電源防衛隊は、発電所などの施設の入口を固め、組合員が団体交渉に来ても中に入れないようにしたり、周辺を巡回したりした。それは共産派からすれば、暴力団による脅しに他ならない。

日発は、会社が発注する工事を田中清玄の三幸土建に請け負わせていたが、田中はそのカネの一部で電源防衛隊をつくった。防衛隊員は各発電所に最低七人は配置され、施設のまわりに有刺鉄線をはりめぐらし、夜警もした。田中清玄と佐野博は発電所をまわって共産党を非難する演説をぶった。（『発電所のレッドパージ』より、神田守の証言）

七

電産猪苗代の闘士であった出崎友也は、「田中清玄の三幸土建が技術のいらないペンキぬりかえとか建物の壁の仕上げとか、彼らは発電所の本質的な仕事はできませんから、そのような仕事をもらって、発電所のそばに飯場をつくったりして入ってきたんですよ。暴力団を送りこんできたんですよ」(『聞書　電産の群像』)と言い、その防衛隊員に命まで狙われたという。

「僕は三幸土建の土方に殺されそうになったんですよ。ねらわれましてね。これは二回ありました。しかし、付近の細胞と農民の聞き込みによって、僕は助かった。発電所の山から僕が降りてくるときに、ぶつかったふりをして、よっぱらってケンカを売って短刀で刺しちゃうと、そういうことですね。それから、僕と女房が歩いているときに、ダイナマイトではじいちゃうというやつでね。二回とも彼らが陰謀しているのを聞いた人や、あるいは、一番端っこの役目をやっているやつが恐くなってもらしたのを聞いた人が通報してくれて、僕は未然に防げたわけです」(『同前』)

ここで言われているようなことも「特殊営業活動」の一環だったのだろうか。田中の狙いは、電産から共産党系の者たちを排除し、民同派の主導権を確立することだった。産別民主化同盟の中心にいた細谷松太は、戦前の共産党非合法時代に田中清玄と一緒に活動した仲間だったという。電源防衛運動は、民同派と連携しての活動だった。

田中の電源防衛運動には、日発から巨額の資金が提供されていた。

一九五〇年十一月十六日の衆議院考査特別委員会で、日発の総務理事であった山本善次が証言したところによれば、八月に田中に対して支払われたのは一千九十万円で、「その人の会社」の常務の名前の領収書を受け取ったという。「特殊営業活動」だったとはいえ、電源防衛も三幸建設が業務として請け負った形になっていたようだ。

十一月十四日の考査特別委員会では、日発の贈賄疑惑の証人として招致された櫻井督三が、総額三千六百六十七万円におよぶ莫大な労務対策費の使途を問われ、田中清玄についても尋ねられている。

櫻井は、労務対策費の使い道は二つあり、一つは社外で非組合員を働かせるなどの費用だという。


「労務対策上の仕事は会社の事務所内ででき得ない場合がしばしばございます。従いまして会社の外で適当な場所を見つけまして、そこに非組合員の諸君をカン詰いたしたりして仕事をさせなければならないようなことがたくさんございます」

「労務対策上の社外にアジトをつくる費用でございますとか、そこで非組合員たちを働かせるための費用でございますとか、あるいは印刷代でございますとか、それから旅費等」に、二千数百万円を支出したという。

社外のアジトでカン詰にされた非組合員でなくてはできない労務対策上の仕事とは、いったい何だろう。解雇者のリストアップなど、レッド・パージの「準備」にかかわる作業だろうと推測されるが、労務対策費のもう一つの使い途が、「不適当な人々を職場から抜いていただくという計画」の費用だと説明されている。ただし、これは全額が田中清玄に支払われているから、やはり先の分もレッド・パージにかかわるその他の費用だったのだろうと思われる。

「その金で田中清玄は何をしたのか」と問われた櫻井は、次のように答えている。

「猪苗代地帯から東北方面、群馬地帯から関東、あるいは千曲川方面、あるいは木曽川から岐阜の水利というような重要な職場地帯で発電所、配電所が非常に数多くございますが、そこに適当な方々をお選びいただきまして、二百七、八十回、これはもう時間は申すと非常に長い間にわたるわけでありますが、そういうような講演会、さらに各種のポスターと申しますか、宣伝ビラあるいは印刷物というようなも

のを作成いたすというような仕事、それから場合によっては防衛でございます。そういった仕事が大部分でございます」

この活動を、他の部分では「啓蒙活動」と説明しているのだが、ここでは「場合によっては防衛」という言葉で、大須賀の言った表と裏の「二つの顔」のあったことを漏らしている。大須賀によれば「体を張ったこうした闘いは、会社側から大いに感謝されることとなる。当然のことながら、日発からの受注もぐんと増えることになった」という。つまり通常の工事も大いに受注した。それどころか日発から副社長や工事管理担当の役員を迎えるほどの密接な関係になった。電産レッドパージの翌年七月、三幸建設は資本金五百万円から千五百万円に増資する。米軍との関係も深まり、とくに沖縄の米軍基地関係の工事を次々に受注したことで莫大な利益を得た。ただ、いくら儲けても田中が際限なく反共活動に金をつぎこんでしまうため経営は傾き、田中は退陣を余儀なくされてしまう。それで神中組以来の古参の社員をひきつれ、田中開発工業を創業する。

七

田中清玄vs松永安左ェ門

ところで先にみた会津若松の電源防衛大会では、日発分割についても電源破壊とみなし、分割派からの電源防衛を宣言していた。だが田中は、日発分割については防衛しなかった。いや、当初は日発と一体だったのだが、突如として転向してしまう。

「日発きっての智将といわれた山本善次総務理事を参謀総長にして、日発防衛のための組織が作られ、全社員に対して政・財・官界にいる縁故者名簿の提出を求めるなど、徹底した分割反対作戦が展開される。山本の上には櫻井督三副総裁がいた。二人とも電産防衛隊以来、清玄とは昵懇の仲である。(『評伝 田中清玄』)

だから田中も分割を阻止すべく、分割派のボスである松永安左ェ門に挑もうとした。「国賊、松永を葬れ」と激烈な一文をしたため、単身、「松永をやっつけてくる」と言い捨てて出かけたという。

――ところが何をどう説得されたのか、帰ってくると一転して松永の「九電力分割論」――

の熱烈な支持者に転向していたのである。

側近の一人は、「殺さんばかりに出かけたのに、帰ってくると掌を返したように、松永弁護論を滔々とまくし立てるので呆れ返ったが、本人は大まじめだった。しかも、翌日にはだれよりも早く松永邸に出向くと、松永さんが起きてくるまで廊下で正座して小僧のように待っているのだから驚いた。以来松永さんに対する尊敬の念は、終生変わることはなかった」と言う。

電源防衛運動、そして松永への敬服は、田中の以後の人生を決した。東南アジアやアラブ諸国をかけめぐり、エネルギー問題のために奔走する後半生を送ることになるからである。

また電源防衛運動は、田中が社会的に認知される大きなきっかけにもなった。「資本家がしり込みするような時にも田中が実力部隊を率いて果敢に行動し」たことが、財界人などに「存在感を強烈に印象づけ」、反共活動家としての「実力」が頼りにされるようになったからだ。

一方、その「実力」は思いがけない方向にも向けられた。安保に反対する全学連幹部に「機会があるたびに財布をはたいて」資金援助したばかりか、佐野眞一『唐牛伝』(小学館文庫、二〇一八年)によれば、全学連大会のときには共産党の攻撃にそなえて和道流の日大空手部員を動員して防衛にあたらせたという。むろん全学連の敵は共産党だけではない。岸信介首相一派は、児玉誉士夫らを通じて右翼暴力団、博徒、テキヤを結集、組織し、反安保運動を潰そうとした。これに対抗するため田中は、山口組の田岡一雄組長に応援を依頼する。

安保改定の調印のためアイゼンハワー大統領が訪日するとき、「アイク歓迎実行委員会」の名のもと、児玉らが声をかけた博徒一万八千人、テキヤ一万五千人、右翼団体員四千人が動員される予定で、それぞれの配置や衝突場所も警察と打ち合わせ済みだったという。アイゼンハワーの来日が中止されていなかったら、皇居前広場で警察・博徒・テキヤ・右翼連合軍と全学連・山口組・和道流空手部員連合軍の血まみれの激突となるはずだったらしい。

その惨劇は回避されたが、岸派と田中の対立は続く。一九六三年に、児玉誉士夫が全国の博徒を団結させて「東亜同友会」を結成しようとしたのに対抗し、田中は田岡一雄と組んで「麻薬追放国土浄化同盟」を立ち上げる。松下正寿立教大総長を会長に、山岡荘八、福田恆存、菅原通済などの文化人が参加したことでマスコミからの批判をあびたが、全国博徒団結構想はくいとめられた。ただし、暴力団の抗争の激化を招いたとも評されている。田中もこの行動のために狙撃され、銃弾を三発浴びて危篤となったが、奇跡的に命を取り留めた。狙撃犯に渡された金が児玉から出ていたことは、佐野眞一が親しくしていた狙撃犯から直接に聞いたという。

電源防衛隊長、アラブへ

その頃、田中の活動は国際的になっていた。インドネシアのスカルノ大統領を倒したスハルトのクーデターを支援し、見返りとしてインドネシア国営石油会社プルタミナからの石油利権を提供される。このときも石油利権の独占を狙う岸信介一派の官僚たちによる妨害工作との暗闘があったという。

スハルトとのつきあいを皮切りに、田中はアラブの王族たち、イギリスのブリティッシュ・ペトロリアム（BP）とのかかわりを深め、エネルギー自立戦略を独自ルートで繰り広げていく。パン・ヨーロッパ運動を推進したハプスブルグ帝国の裔、オットー大公とも信頼関係を結んだ。

田中が独自のルートを築いていたおかげで、「第一次石油ショックの際には、欧米石油資本を向こうに回して、アラブ首長国連邦からの石油輸入に成功し、一時は日本国内を走る車の四台に一台は田中の力で入ってきた油だと言われたほど」だったという。だが田中の行動に、大蔵省、通産省の官僚たち、また財界人も土光敏夫と中山素平を除いて、みな、よけいなことをするなと反対した。石油メジャーに逆らうべきでないと考えたのだという（『評伝　田中清玄』）。

田中がアラブの王族から信頼されたのは、やはり反共活動によってだった。当時、ソ連が

七

アラブの石油を狙い、政権の腐敗や大きな階級差を利用して共産主義を広げようとしていた。

そんな中で反共活動のノウハウを指導したのが田中清玄だった。シェイク・ザイド大統領に率いられたアラブ首長国連邦はじめアラブ諸国からの、田中清玄を通じた日本への石油供給の話はこうした面での協力の結果としてあったのだが、それらはしばしば利権がらみの話に誤解された。田中清玄をアラブの王たちに紹介したのはBPのアースキン卿、それにオットー大公だった。彼らにとってアラブ諸国の共産化を阻止することは、まさに死活的に重要だったのである。

田中の対中東諸国活動は、反共産主義とエネルギー確保という二軸を同時に満足させるものであった。（『同前』）

田中清玄は、ずっと電源防衛戦を闘い続けていたのである。オイルショックの頃から太陽光エネルギー研究の必要を訴え、一九九一年の湾岸戦争に際して、太陽エネルギー利用の本格的な研究をしてこなかった支配者階級の過失だと語っていたという。田中は、一九九三年、八十七歳で没した。最期まで電源防衛隊の隊長であり続けたかのようだ。暴力をためらわない反共活動家だったが、それだけでは語りきれない生涯だった。右翼としては岸信介一派と対立する特異な位置をとり、アメリカに偏りがちな右派の民間外交としてもアラブやヨーロッパを中心として異彩を放つ行動をとった。占領時代にはGHQと深く結び、謀略機関との関わりさえあったらしいが、それにもかかわらず親米派ではなかった。アラブとの親交は、オットー大公らの依頼がきっかけであったにしても、日本のエネルギー自立を模索してのことでもあった。アラブは、電源防衛戦争の前線だった。そこでは、反共の闘いばかりでなく、アメリカの石油メジャーにつながる日本の政財界をも半ば敵にまわすことになる。電源防衛に深入りしたことが、田中をほかの右翼とはずいぶん違ったところへ連れ出したようだ。

八

民主と修養

――電源防衛戦PART3

田中清玄の自伝では、電源防衛運動について語ったなかに、もう一人の雄であった中曽根康弘の名前が出てこない。田中が電源防衛に乗り出した動機を語った部分の時系列があやふやになっているのは、このファクターが欠けているからかもしれない。

中曽根は戦後、内務省に復帰して官房調査部、香川県警務課長を務めたが、政治家をめざして辞職。故郷の高崎に帰ると、青年団をまわって有志を募り、「青雲塾」を組織した。この団体がやはり電源防衛のために活動したのである。

山本英典・内中偉雄『中曽根康弘研究』（エール出版社、一九七六年）によれば、「中曽根氏は、当時国鉄労組とならんで群馬の労働運動の主力になっていた電産をつぶすため、二十四年九月、二万になっていた塾員のなかから七百人を選んで青年行動隊をつくり、各発電所に偽名で潜入させた。さらに、同年末から翌二十五年十月まで、東京から田中清玄、風間丈吉、佐野学、鍋《なべ》山貞親《やまさだちか》らを呼んで現地へ送り込んだ」という。

この記事では、田中清玄は、中曽根に送り込まれた右翼活動家の一人にすぎない。田中が中曽根の名前を出さないのは、自分が人に使われたかのような話にしたくなかったからだろうか。

中曽根の初当選から二十四年間にわたって秘書をつとめた佐藤春重が当時を回想した証言が、岩川隆『日本の地下人脈』（祥伝社文庫、二〇〇七年）に記されているが、そこにも田中清玄の名前が出てくる。

昭和二十四年九月ごろから翌二十五年春にかけて共産党制圧のため〝電源防衛運動〟をおこなったことは忘れられません。共産党は全国の各地に勢力をひろげていましたが群馬県にも眼をつけ、東京に送電している吾妻地区の東京電力の発電所を占拠しようとした。共産党に日本の動力源を与えるなと私どもは立ち上がった。このとき中曽根は〝毒をもって毒を制す〟ということを考え、実行したのです。中曽根は内務省の警察畑の出身ですから共産党に関する情報は前からくわしい。当時共産党から転向していた田中清玄にひそかに会い、説得して連れて来ました。私どもは田中清玄を中心にした共産党転向組を前面に押し出して、反共キャンペーンを展開していった。そのなかにはモスクワ大学を卒業した風間丈吉などもいました。共産主義をもっともよく知る田中清玄たちの反共・電源防衛運動は大きい効果がありました。

この証言によれば、田中は「毒を制する毒」として、中曽根に説得されて連れてこられたことになっている。

実際がどうであったにせよ、とにかく電源防衛運動で両者は一体だったようである。中曽根の青年行動隊は、「電産の活動家の家庭をまわって、『お前の息子はいま共産党にかぶれて危くなっているぞ。一生を間違う』とおどしてまわ」ったり、電産が張ったビラを夜中にはがしてまわったりしたという(『中曽根康弘研究』)。

電源地帯の怪事件がフレーム・アップのための工作だったとしたら、田中や中曽根の電源防衛運動の活動家たちがしかけた可能性が高いだろう。彼らには、日発も政府もGHQも、また電産内の民同派も協力しているから、容易なことだったはずだ。

ただし中曽根は、電源防衛の活動を直接に指図してはいない。というのは、スイスのコーで開かれるMRA(道徳再武装)の世界大会に出席するため、六月十二日に出国しているからだ。西ドイツ、フランス、イギリス、アメリカと回って、八月十五日に帰国している。ちょうど電源防衛戦の繰り広げられていたあいだ、日本にいなかったことになる。MRAは、キリスト教福音派に出自をもち、反共と労使協調を熱く説いた団体である。

道徳再武装の旅

中曽根を含むMRA世界大会への代表団が出発する前日、同行するバズル・エントウィッスルらとの昼食会で、吉田茂は最後に立ち上がって次のように言ったという。

「一八七〇年（明治三年）に西欧を訪れた日本の代表がその後の日本を変えました。今回の日本の代表も帰国後新しい歴史のページを開くことになると確信いたします」

（バズル・エントウィッスル『増補改訂版　日本の進路を決めた10年』藤田幸久訳、ジャパンタイムズ、二〇一六年）

岩倉使節団にたとえたのである。つまり、改めて西洋に学ぶための旅と、吉田はとらえていたようだ。この代表団は、いったい何を学んで帰ったのだろうか。

戦後、日本人が初めて海外に渡航したのは、一九四八年にロサンジェルスでのMRAの世界大会に三井財閥の三井高維《みついたかすみ》・英子夫妻ら九名が出席したときだったという。翌年には片山哲元首相・菊江夫人ら七名がスイスのコーでの世界大会に出席している。そのまた翌年、中曽根も参加した総勢七十二名という大所帯の代表団が出発した。七人の知事、広島、長崎をふくむ四人の市長、すべての主要政党幹部の国会議員、産業、金融、労働界の代表たちという錚々たる顔ぶれだった。海外渡航がほとんど許されなかった時代のことである。この後も世界大会への旅は続けられた。

ＭＲＡは、アメリカの福音派の伝道者フランク・ブックマンがロンドンで設立した疑似宗教的な運動で、当初は公衆の前で罪を告白し悔い改めることを中心としていた。性的な懺悔が多かったという。澁澤栄一のってを得て、一九三〇年代に日本にも伝えられていた。アメリカではブックマンがヒトラーを共産主義をくいとめる者として礼賛したため人気を失ったが、戦後には労使協調を唱える運動となったことで産業界の支援を得、とくに西ドイツのルール炭鉱のストを中止させたことで注目された。

日本でも、戦時中には活動できなくなっていたのが、戦後になって澁澤栄一のひ孫、雅英の援助により復活し、三井高維・英子夫妻をはじめ、相馬恵胤《そうまやすたね》・雪香《ゆきか》夫妻、社会党の加藤勘十《かとうかんじゅう》・シヅエ夫妻、一万田尚登日銀総裁、石坂泰三東芝社長など、政財界の多くの人々が活動を支えた。政治家では岸信介が代表格で、「われわれは岸を国の支配勢力からカネを引き出すためのある種のフロントとして利用した――カネと援助をだ」という澁澤雅英の証言が、ジョン・Ｇ・ロバーツ＋グレン・デイビス『軍隊なき占領』（森山尚美訳、講談社＋α文庫、二〇〇三年）に紹介されている。

ブックマンに派遣されて八年間滞日し、代表団の渡航も実現させたバズル・エントウィッスルの著『増補改訂版　日本の進路を決めた10年』によれば、ＭＲＡの戦後日本への影響は大きなものだったようだ。労働運動の労使協調への転換ばかりでなく、自由党と民主党の保守合同、フィリピンや韓国などアジア諸国との和解などにも関与していた。党派をこえた人脈や交渉の場を提供することを通じて、あらゆる対立の融和に助力したらしい。

ＭＲＡでは、「民主主義の根本精神」となるべき「道徳」を説いた。まず個人が変わることによって健全な家庭、企業内のチームワーク、まとまった国が生まれるということ、そのための基準が「絶対の正直、絶対の純潔、絶対の無私、絶対の愛」であること、「誰が正しいかでなく、何が正しいか」と考えるべきこと、などである。それがなぜか、反共主義になる。民主主義とは「人間尊重の精神に則って人の自由ということを基幹として平等を実現して行こうとする」（木村行蔵『道徳の再武装』独立評論社、一九五三年）ものなのに、共産主義は法律や経済上の平等のみを説き、資本家を責めるばかりだからである。ＭＲＡは、資本家も労働者も双方が変わらなくてはならないと説いた。

一九五〇年の代表団には、労働運動の指導者も警察関係者も参加している。日本金属労連執行部の中嶋勝治は、自分たちを弾圧した「最大の仇敵」、大阪市警視総監の鈴木栄二が同行しているのを見てショックを受け、幾夜も眠れない夜を過ごしたという。やがて中嶋は決心し、鈴木の部屋を訪ねる。

> 政治的経済的見解が違っているからといって鈴木に対して憎しみを抱いたことは誤りだったと気づいた。そして憎しみを捨てる決心をして、鈴木に許してほしいと謝ったのである。二人は感激して涙を流しあった。翌日二人は一緒に登壇して国の融和のために一緒に働くことを誓った。（『日本の進路を決めた10年』）

敵対している者たちが、自己を見つめなおして一種の「回心」を体験し、融和にいたる。まず自分が変わることで、相手も変わり、融和が生まれ、労使協調にいたるのである。

エントウィッスルの回想記の邦訳版に「すいせんの言葉」を寄せた土光敏夫（経団連名誉会長、国際ＭＲＡ日本協会名誉会長）は、戦後まもない頃のＭＲＡについて次のように記している。

> 新時代の旗手として登場したデモクラシーも、その真髄が把握できず、如何に実践してゆくか見当もつかず右往左往していたものです。石坂泰三氏の言葉を借りますと、「戦後日本に紹介されたデモクラシーは、金魚鉢に消火ポンプで水を入れるような勢いで入ってきたので、みんな目を白黒させてしまった」のです。
>
> そのような時代にＭＲＡは人間社会の健全な運営になくてはならない、世界に共

通な道徳基準を、日本の政治・経済・労働界の指導層に示してくれたのです。当時の石川島播磨重工業の社長を務めておりました私は、ＭＲＡの影響で社内の空気が一変したことを体験しております。

エントウィッスルは各地の労働者の集会、企業幹部、警察などさまざまな相手に、精力的に講演して回った。東芝や三井三池炭鉱など労働争議の激しい職場にも招かれている。またＭＲＡは演劇による啓蒙も盛んに行った。土光によればそうした活動は職場の空気を一変させたのである。

「明るい世界」の総力戦

このように「道徳」によって労使を融和させようとすることは、じつは目新しいことではなかった。敗戦までは、その役目を修養団が担っていた。修養団は、一九〇六年に東京師範学校生だった蓮沼門三が始めた、社会の美化・善化を唱える教化団体である。学校の教員・生徒に修養を説く運動だったのが、澁澤栄一の援助を得たことから、企業労働者を対象とする社会教育団体となった。一九一九年に労働争議の調停や労務者講習会を行う「官民一致の民間機関」として協調会が結成されると、修養団はその労務者講習会を受け持ち、企業内に団員が増えていった。一九二四年に平沼騏一郎《ひらぬまきいちろう》が団長に就任すると、国家主義的な色合いを強める。平沼が修養団を支援したのは「共産主義の影響を受けた労働者などに精神修養を行わせることにより、『思想善導』を図るという政治的意図」からのことだったという（萩原淳『平沼騏一郎と近代日本――官僚の国家主義と太平洋戦争への道』京都大学学術出版会、二〇一六年）。総動員体制下で産業報国、労使一体を主張する日本主義労働運動が進められるなか、修養団は新官僚から注目され、産業報国運動を支える組織となった。つまりは大政翼賛体制を支えていたのである。

『修養団三十年史』（一九三六年）によれば、修養団の目標は、「明るい世界」を顕現することだった。「明るい世界」とは、「一人の争う者もなく、一人の怠る人もなく、凡ての人が愛し合い、凡ての人が汗き《はたら》合う所」、すなわち「総親和・総努力の世界」である。この「明るい世界」を顕現することが「天地の公道であり、真心の悠久であり、祖宗の遺訓であり、歴代天皇の大御心である」。つまり皇道のもとに融和し労働にいそしむのが修養団の道徳だった。

敗戦後、修養団は解散はさせられなかったが、しばらくは衰退する。総力戦を支えた日本主義の道徳を説くことは、さすがにはばかられたのだろう。そこで代わって労使協調を説く道徳として利用されたのがＭＲＡだったわけである。修養団を支援した企業とＭＲＡを支援した団体、また個人にも重なりが見られる。日本主義から民主主義に看板が変わっただけで、企業家の目的は同じだった。一九五〇年代には修養団も勢いを取り戻し、財閥系を中心に多くの企業の社員研修を担うようになった。国際MRA日本協会の名誉会長としてエントウィッスルの著に推薦文を寄せていた土光敏夫は、それを書いた当時、修養団の相談役でもあった。

修養団とMRAの「道徳」は立脚点がまるで違うにもかかわらず、どちらも財閥系を中心に多くの企業で利用された。戦後すぐの一時期は「日本主義」より「民主主義」のほうが都合がよかっただけなのだろう。

もちろん、その日本主義的な権威の失墜とともに道徳の基準が失われた時代に、「民主主義の根本精神」という堂々と語れる道徳は、多くの人から求められたものでもあった。だからこそ広まったのである。

ヒロシマと融和

一九五〇年の代表団には、広島、長崎の市長、知事が参加していたが、それはブックマンから参加の要請があったからだった。その前年のMRA大会に広島県選出の参議院議員、山田節男が出席したさい、浜井信三広島市長がメッセージを託し、山田がそれを会場で読み上げると、満場総立ちの拍手を送られた。それがきっかけで、ブックマンはエントウィッスルらに広島を訪問するよう要請し、また翌年夏の大会に多くの日本人を招待する計画をたてた。つまり一九五〇年に代表団を招待したのは、広島、長崎の市長を招くことが本命だったようである。エントウィッスルは「大阪、神戸、京都、広島、長崎などの市長や知事などの有力者たちからはこの使節に加えてほしいと懇請され」たと記している。しかし浜井信三広島市長は、世界的な平和運動の実際を見てみたかったので、招待を受けて行きたいのはやまやまだったが、市の仕事も忙しいときだったので迷っていたところ、強く催促され、また山田節男議員からの勧めもあったので、参加したと書いている（浜井信三『原爆市長』一九六七年／復刻版、シフトプロジェクト、二〇一一年）。浜井は、「懇請」したのでなく、招待され、強く催促もされての参加だった。招待したい本命だったからだろう。世界大会では、浜井の挨拶に、やはり満場総立ちで割れるような拍手が起こったという。原爆投下から五周年の八月六日に一行はロサンゼルスにいたが、CBSラジオのインタビューに浜井は「この悲劇は戦争からおのずから予期されたものであり、われわれ広島市民は誰に対しても恨みは抱いておりません」と言い、「平和とは人が変わること」という努力をまず自分が広島から始めたいと、MRAの思想をなぞるように語った。ヒロシマは、日米の融和の要だった。

代表団が持ち帰るもの

代表団がワシントンに行ったとき、上院でのレセプション、下院での昼食会、国務省によるレセプションという三つの大きな行事が組まれ、日本を代表してアメリカの政府や政治指導者、そしてマスコミを通してアメリカ国民に話しかける機会が与えられた。戦後で初めてのことだ。その舞台をセットしたアレキサンダー・スミス上院議員は数日前に、上院の同意を取りつけるため演説し、次のように語ったという。

「両院の議員諸君は、人の心を勝ち取るためには、道徳の活用、思想のマーシャルプラン、ボイス・オブ・アメリカ（VOA国営放送）が必要であることを訴えてきました。こうした目的のためにアジアだけでも年間数千ドルを費やしている訳ですが、五千マイル余りの太平洋を挟んでなかなかうまくいかなかったことをこの議会で直接行うという絶好の機会をもつことになるのです。世界のためにアメリカが堅持しようと努力している姿と確信をこの一行が日本のあらゆる立場の人々に直接持ち帰ってくれるのです」

ＭＲＡは、「道徳の活用、思想のマーシャルプラン」、つまり文化工作、情報戦略の一種として活用され、彼らからすれば、代表団は飛んで火に入るかのように、はるばるやってきた。

上院で、栗山長次郎は、吉田茂の代理として演説した。戦争について謝罪し、復興の援助への感謝を述べた後で、朝鮮戦争で「日本がアメリカとの協力関係においてどんな形でお役に立てるのか示していただきたいと思います」と言い、またスイスのコーで「日本の民主主義を真に育み、共産主義に対する答えとなるイデオロギーを見いだすことができました。今この国に参りましたのは偉大なアメリカの伝統を学ぶためです。その同じ原則に則って国の再建を果たすことができれば日本国民にとってこの上ない幸せです」と述べた。代表団は、アメリカ側の意図をしっかり受け取ったことを示したのである。

そして帰国後には、精力的に講演や執筆を通じてＭＲＡの「民主主義の根本精神」を伝えた。中曽根康弘も例外ではなかったようだ。

中曽根は後に「占領下、外国になかなか出ることはできない。なんとか外国を見たいと念願していた私は、勧誘にあって待ってましたとばかりに一員にくわえてもらった」と代表団に参加した動機を語り、「ＭＲＡの運動を推進している人々の信念と、徹底的に他人に奉仕する精神に感銘した。しかし、〝絶対の〟という言葉にこだわってしまい、政治家ではとてもこれを貫き通すことはできないし、できると言えばそれは人を欺くことになると思って、この運動に飛びこんでいくことはできなかった」と、MRAに距離を置いたように言っている（中曽根康弘『政治と人生』講談社、一九九二年）。

しかし、一九五一年二月二十二日の予算委員会で、中曽根は、皇太子をMRAの世界大会に参加させてはどうかとさえ主張しているのである。

「ああいう道徳運動に対して日本の皇太子様が御関心を寄せるということは、国際的にも非常にいいことであるだろうと思うのであります。これは特定の宗教運動ではありません。そこでもしそういうような大会が、アメリカやあるいはヨーロッパで行われる場合には、皇太子殿下もひとつあそこへ御出席を願って、世界の人々と一緒に交わって世界の人々と一緒にさら洗いもするという修業もしてみることが、民主日本の象徴たる皇太子殿下にとって、非常にけっこうなことであると思いますが、そういうような機会を設けることについて、宮内庁当局はどういうふうにお考えになりますか」

対する回答は「皇太子殿下の御外遊につきましては、ただいま何ら問題になっておりません。将来の問題といたしまして、御意見を拝聴いたしておきたいと思います」という素っ気ないものだった。熱っぽく空回りした質疑は、帰国後しばらくは中曽根がMRAにかなり入れ込んでいた証拠だろう。

エントウィッスルの回想記には、代表団員たちが帰国後にMRAの思想を広めたことに触れて、「中曽根は帰国後、一日平均三回、三か月の間に約五万人の人々に講演した」と記されている。ちょっと真に受けがたい回数だが、そうとう多くはあったのだろう。

中曽根が防衛論を主張しだしたのも、その頃だった。MRAの旅行中に、西ドイツでソ連国境を見て、「西ヨーロッパの人々は、連合して共産主義の脅威に対抗しているというのに、日本はいつまでも何もせずにアメリカの世話になっていていいのか」と思ったといい、帰国後、芦田均に誘われ十月二十一日に福知山の青年同志会の結成式に出たさいの講演で「初めて防衛論を言い出した」と語っている(中曽根康弘『天地有情』文藝春秋、一九九六年)。つまりMRAの旅での体験が、冷戦のもとで日本も自主防衛すべきだという主張につながったのである。MRAの旅の影響は大きなものがあったように見える。

代表団の旅行中に涙を流しあった鈴木、中嶋の二人も、帰国後に「最も説得力をもったパフォーマーとなった。中嶋は、「共産党の主要拠点のあった長野県の山村を回り講演を重ねた」。また、「請われて県の調停委員を務め、労働争議や騒乱の回避に活躍したほか、鈴木や、コーに同行した東芝石坂泰三社長と共に労使双方に対して労使のチームワークの戦略を示すことができた」。

講演で語るのは、おもに代表団の旅行中の体験、その感動である。鈴木は、中嶋の正直な謝罪を受けて、自分が強圧的な態度で弾圧の旗頭に立っていたことに気づいたと言い、共産主義者と朝鮮人を単なるトラブルメーカーとだけみなして憎んでいたことを悔やみ、憎悪を捨てたことで、一人一人の人間として見ることができるようになったと、みずからの体験を語った。

また、数か月間に八千人の警官とその家族と話し合い、警官の家族問題の相談にのった。「絶対正直、純潔、無私、愛」と書いた紙が交番の壁に貼られるようになり、警官の態度が穏やかになると、犯罪率が一九四〇年代のレベルに下がったという。全国の地方警察からも関心が集まり、東京の警視庁の幹部に向けても講演した。それで「終戦以来争いが絶えなかった日本の警察機構同士の関係が緊密化に向かった」。

警察関係者では木村行蔵《きむらこうぞう》も、国警本部警邏交通課長だった一九五一年にＭＲＡ世界大会に参加している。国警本部人事課長となった一九五三年には、『道徳の再武装――木童子随筆集』と題する本を出すほど、ＭＲＡの活動に深く関わっていた。その後、緒方竹虎副総裁の「情報アドバイザー」となって、吉田茂に近い一万田尚登、鳩山一郎を支援するグループの中心にいた星島二郎ら、ＭＲＡでつながった者たちと週に一回は連絡をとりあうなどして、保守合同のために動いたという（『日本の進路を決めた10年』）。

木村は、緒方竹虎のもとで村井順が日本版CIAとして構想した内閣官房調査室の二代目室長となり、その後、警察庁保安局長、警察大学学長も務めている。

初代の内閣官房調査室長だった村井順は、スイスでのMRA世界大会に出席する名目で出国し、アレン・ダレスCIA長官らと懇談した。ところがアメリカからロンドンに入ったところで、腹巻に隠していた闇ドルが摘発されたという「誤報」が新聞に載り、それがきっかけになって更迭された。調査室内に外務省出身者と警察出身者との対立があり、外務省側にはめられたのだという（吉田則昭『緒方竹虎とCIA――アメリカ公文書が語る保守政治家の実像』平凡社新書、二〇一二年）。

次に室長に就いたのが木村だった。松本清張『現代官僚論』（『松本清張全集31』文藝春秋、一九七三年）によれば、内部対立の激しい内調に「和」をもたらすことが期待されたのだという。訓示で木村はたびたび、セクショナリズムをこえて自由に話し合う、積極的で建設的な「和」を説いた。MRAの思想で諜報機関をまとめようとしたようだ。松本は、木村が「和」ばかり追求した結果、内調の仕事のほうは精彩を欠いたと書いている。内閣調査室の創設時からのメンバーだった志垣民郎も、木村について「可もなく不可もなく、『MRA』を信奉するだけの人であった」とし、それどころか皆で歌まで歌わされたと記している。

このMRAを室員に押し付けたから、室員の反発には相当なものがあった。演芸にも興味を示し、安西愛子女史らによる歌唱指導などに力を入れた。官邸の一室を借り切って、週に一回歌う会には私も参加せざるを得なかった。業績には大したものはなかった。

（志垣民郎『内閣調査室秘録——戦後思想を動かした男』岸俊光編、文春新書、二〇一九年）

木村は、諜報機関の長には向いていない人物だったのかもしれない。

しかし、はたして組織内の「和」の実現のためだけに抜擢されたということがあるものだろうか。共産主義者や労働運動が国内のおもな調査対象だったことを思えば、MRAの人脈を生かそうとしたと考えるほうが自然だろう。村井が外遊するのにMRA大会への出席を利用したのも、MRAの人脈と無関係ではないだろう。反共という目的は共通なのである。

ただし木村は、内調よりも、MRAの方に軸足をおいていたのかもしれない。政権末期の吉田茂首相は辞職するかどうか迷って静養していたとき、その間の政府運営を担っていた緒方竹虎副総理に、「当面の政治危機に関する世論と国の全般的状況に関する分析、ならびに今後の対応への提言」をまとめよと指示し、緒方はその草案の作成を木村に命じた。すると木村は、エントウィッスルらに意見を求めたという。

そこで木村、国鉄理事の片岡義信、相馬豊胤と私の四人は昼食をともにした。木村は吉田と鳩山の確執や、後継を狙う緒方や石橋の野心について率直に打ち明けてくれた。彼は世論が保守党指導者への信頼を失い、階級闘争の脅威が増していることを裏づける情報を持っていた。また政治内部の対立や労働者の賃上げと雇用の拡大ができない産業界の状況につけ込み、北京がインテリや労働組合指導者にくい込んでいることも述べた。

この話し合いの中から次のような考えが生まれた。それは保守党の指導者が互いの対立を解消すること、経済の改善に向けて政財界が一緒に取り組める前向きな政策を優先させること、かつての敵国、とりわけフィリピンや韓国の閉ざされた扉を開くための心の開いた外交を推進することであった。私たちは木村行蔵に、緒方が彼の同僚やライバルとのまとめ役として十分活躍できるために大胆に進言するよう促した。

課報機関のトップが、政界や産業界の内輪の事情をあけすけに語って相談し、方針を授けられているのである。木村はこの話し合いの結果を緒方に報告し、さらにＭＲＡの理念や活動について語った。緒方はＭＲＡの人々に興味を示したので、エントウィッスルは緒方をＭ

八

RAハウスに招いて夕食をともにした。以来、緒方はエントウィッスルと直接に連絡をとりあうようになったという。

エントウィッスルの記述がMRAを中心とした書き方であることに留意は必要だが、木村の行動はMRAの側に立ってのものに見える。内調での業績がないとされる木村だが、木村にとっては内調も、MRAの思想をもたらすべき対象でしかなかったのかもしれない。

内調の志垣民郎は、木村に業績がないと記した先の文章に、次のように付け加えている。

> ただ、鳩山一郎内閣が日ソ国交正常化交渉を始めるきっかけになったとされる元ソ連代表部主席代理、アンドレイ・ドムニツキーらによる、「ドムニツキー事件」の当事者だったことは記憶に残っている。

ドムニツキー事件とは、一九五五年一月二十五日にドムニツキーが音羽の鳩山邸を訪れ、日ソの国交回復を申し入れたことである。この「事件」は共同通信の記者が仕組んだとされるが、志垣が木村を「当事者」と呼ぶのは、そのお膳立てをしたのだろうか。木村の紹介で緒方がMRAハウスを訪れた後、それを聞いた星島二郎がエントウィッスルに鳩山一郎に会うよう勧め、鳩山邸を訪れさせている。そのようなMRAの人脈が活用されたのだろう。ドムニッキー事件のときには、木村はすでに内調の室長ではない。対立を融和に導くというMRAの思想にそった活動だと思われるが、エントウィッスルはこれについては書いていない。内調での業績はどうあれ、諜報員的なひそかな活躍は大いにしていたと言えそうだ。

青年団と親米

MRAの思想は、青年団にも浸透していた。日本青年団の名誉会長だったことのある一万田尚登大蔵大臣が、青年団に共産勢力の強まっていることを危惧して、エントウィッスルに依頼したのだという。

それは青年団という全国の市町村に広がる大組織を、共産派と奪い合うことに他ならなかった。一九五六年にスイスのコーでのMRA世界大会に出席する日本代表団に青年団の理事数名を加えてMRAとの関係を深めるのだが、その翌年、モスクワで開かれる国際青年祭に、青年団員五百人が招待される。これに対抗すべく、エントウィッスルは青年団の指導者百名をマキノ島のMRA世界大会に招くようブックマンに要請し、ブックマンは百人分の招待状とともに渡航費と一か月分の滞在費の保証書を送ってきた。青年団では激しい議論になったが、結局、全国すべての都道府県を網羅する指導者たち百四名がマキノ島に向かった。モスクワへはごく少数しか行かなかったという。

一行は、旅先で学んだMRAの思想を演劇化して、アメリカ各地、帰国後は全国各地で、また国鉄や日立造船など多くの職場で上演した。そして青年団の理事選挙では、MRAに関わっている立候補者が全員当選し、左派は衰退した。MRAは青年団の方向づけに成功し、「団員たちが大きな企業での労使協調精神の高揚に大きな役割を果た」した。かつて青年団は修養団と一体となって翼賛体制を支えたが、その修養団の役割をMRAが果たしたのである。

こうして諸分野の指導層にMRAは浸透し、一九六〇年の安保闘争のさい、その培われた力が発揮された。エントウィッスルによれば、社会党の加藤シヅエはテレビを通じてMRAの精神を説き、今は安保条約の是非や岸信介の強行採決の是非ではなく、共産主義者によって国民が反米闘争に駆り立てられていることこそ重大問題なのだと主張し、マスコミの論調に影響を与えた。民社党は態度を決めかねていたが、愛田新吉など長くMRAと関わってきた議員たちの説得によって、アイゼンハワー訪日を歓迎する方針に決した。最大の労働組合組織であった総評も、MRAと深く関わってきた全造船の委員長で中立労連の事務局長であった柳沢錬造《れんぞう》の努力で、反米デモには参加せずアイゼンハワーを歓迎するという決議にいたった。そして日本青年団協議会では、MRAの世界大会に出席した指導者たちがダグラス・マッカーサー大使あてに、アメリカへの尊敬と感謝を述べ、共産主義に影響された人々による反米的な活動は少数者のものにすぎないのだと訴えるメッセージを送った。

こうしてMRAに関わっていた各所の指導者たちが、反安保運動の勢力を削いでいった。新安保条約が締結した翌年、岸信介はスイスのコーを訪れ、演説して「国の難局に当たって果たしたMRAの役割に賛辞を述べた」。そして「こうした人々がもっと多くいたならば、あのような破壊的な活動は起こり得なかったと思われます」と、いっそうの普及を訴えた。

この一年後、小田原市のMRAアジアセンターの開所式でも岸は演説したが、その式典には片山哲、吉田茂、池田勇人、アジアを中心とした十数人の大使、財界や労働界の指導者、労働者を含む千人以上が出席したという。

なお一九五二年、ブックマンは八回目、戦後では初めて訪日し、勲二等旭日章を授与されている。MRAは、一九七五年に国際MRA日本協会を発足し、二〇〇三年に国際IC日本協会に改称した。ICとはイニシアティブズ オブ チェンジの略である。

俺たちこそ電源防衛をやってる

話を電源防衛戦に戻そう。

電源破壊のフレーム・アップには、アメリカの工作部隊がかかわっていた可能性も、まっ

八

たくないとは言えなかった。朝鮮半島に国連軍を派遣することが決定されたのが七月七日、仁川・群山への上陸が九月十五日である。その間に後方基地の危険を取り除いておくことも重要な軍事行動の一部ではあるだろう。

プロレタリア作家、江口渙《えぐちかん》が一九五三年に雑誌『改造』に発表した「電源防衛――このような事件はけっしてここだけではない」(『江口渙自選作品集』第三巻、新日本出版社、一九七三年)という短編小説がある。魚釣りに来たふうをよそおった米国人二人が発電施設を破壊しようとし、現場の労働者らがかろうじて防いだという話である。

赤沢発電所の田村所長は、雪解けの影響で土砂が動いて取水口に水が入らなくなったのを補修する工事の完了を見届け検査するため、現場にやってくる。田村は、去年まで電産の県の闘争委員長で、今は全国執行委員会の副委員長だ。それゆえ首切りへの不安を抱いており、工事の請負師にこんな話をする。

「アメリカさんでは党員の首をきりさえすれば、いくらでも見返り資金をかしてやると申しこんできているのでね。会社じゃおれたちの首をきりたくってしようがないんだ。だから、何をやりだすかわからんので、うっかりしちゃいられない」

むろんレッド・パージで見返り資金が出るなどという約束はなかったが、電産側ではそのように推測されていたのかもしれない。このような話のあと、問題なく検査がすむと、皆で発電所に戻る。田村は、所員や請負師を慰労し、これで渇水期でも電力供給の不安がなくなったと喜びを語って、こう続ける。

「おれたちこそ、ほんとうに電源防衛をやってるじゃないか。新聞では電産の極左分子がレッド・パージ反対の闘争のために電源破壊の陰謀をたくらんでるなんて、ひどいデマをとばしているが、おれたちの誰がそんなバカをやるのかい。新聞や一ぱんの世間の人などよりか、おれたち現場ではたらいている者のほうが、はるかに電源の大切なことをしってるさ。げんにいまやっているあの工事なんか、もっとも模範的な電源防衛だよ」

「そりゃ、そうですとも……」

「それなのに、何だいあれは。あの影山挺身だの畑中精剣だのというやつらは、むかしは共産党の最高幹部だったくせに、いまじゃ労働者を完全に裏切って、こんどなんか電源防衛と称して暴力団を狩りあつめて猪苗代へおしかけてゆくじゃないか。どっちもあれで吉田から一千万円もらったというんだから、人間も堕落しようと思えばいくらでも堕落できるもんだね。あいつらこそ、電源破壊をやりかねないよ」

影山挺身とは鍋山貞親、畑中精剣とは田中清玄のことだ。どちらも獄中で転向し、反共右翼の活動家になった。吉田から一千万円もらったとあるのは、日発からの資金がそのように思われていたのだろう。

さて、所長らはそんな話をしながら、ふと配電盤を見ると、さっきは順調だったメーターが異常な動きをしている。水量が減っているのだ。何があったのか確認しようとしたところに、さっき検査して工事完了したばかりの沈砂池で二人の米国人が妙な真似をしているという、目撃者からの電話連絡があった。

すぐに皆でかけつけると、巨体の米国人二人がパンツひとつで、一人は排砂口の手動開閉器を回して沈砂池の水を排砂路にすべて流してしまおうとしており、もう一人は大きな石を次々と池に投げ込んでいた。すでに沈砂池の水はかなり減っている。これ以上少なくなれば発電できなくなり、修理にも数日かかってしまうだろう。

すぐにやめさせ、田村は英語で抗議した。しかし二人はニヤニヤ笑うだけで、何も言わずに去っていってしまう。そこは重要な場所だった。ここを破壊されて取水できなくなれば、二つの発電所が機能しなくなってしまうのだ。

「やつらは釣りをする風をして電源破壊にやってきたんだぞ。ありゃな。ただの軍人じゃないよ。本職だよ。だからどこをやればこの発電所がどうなるかってことを、ちゃんとしってやってきたんだ。会社の地図はあちらさんに全部とられているんだから、やろうと思えばわけないさ。もしもいまのがうまく成功してみろ。たちまち県下の電車はとまる。工場はとまる。おまけに犯人は不明ときたら、責任はおれたちにかかってくるんだ。とくに電産全国執行委員会の副会長のおれに一ばんかかる。そうしたら、みんな刑務所へぶちこまれていつ出されるかもわからん。ということになるんだった」

この小説は、おそらく実際の出来事を基にしているわけではないだろうが、かりにこのような米国人がいたとしたら、謀略担当のG2の特務機関員だろうか。CIAは、マッカーサーが嫌ったので、占領中の日本には公式にはいなかった。しかし朝鮮戦争によって占領軍でなく米軍として行動するようになると、正式にも活動できるようになる。一九七一年に米国防総省高官によって暴露された「ペンタゴン・ペーパーズ」のなかのCIA幹部ラムズデールの秘密報告書には、一九五四年十月にハノイでバス会社の油の供給に汚染物を混ぜてエンジンを次第に故障させる作業や、鉄道に対する遅効性破壊活動を行ったとあり、「鉄道破壊には、日本にいたCIAの特別技術チームを加えてチームワークを必要とした」と記されている（新原昭治『日米「密約」外交と人民のたたかい――米解禁文書から見る安保体制の裏側』新日本出版社、二〇一一年）。鉄道工作を専門とするチームだったのかもしれないが、そのような秘密工作を行うCIAの「本職」チームが日本で活動していたことは確かなようだ。

とはいえ、このような詮索にはあまり意味がないだろう。それより、この小説がもっとも訴えたかったのは、田村の「おれたちこそ、ほんとうに電源防衛をやってるじゃないか」という言葉だったろうと思う。それは当時の現場で働いていた労働者の悔しい思いを代弁している。

占領初期、火力発電所の多くがポーレー賠償の対象とされたため、どうせ取られるものだと、経営側は復旧にあまり力を入れていなかったという。需要が少なかったからでもあろう。しかし電力飢饉になっても、台風で水害を受けた時でも、経営者の対応は鈍かった。それが現場の労働者には、経営陣のサボタージュだと感じられていた。電力供給に使命感を持っていた者たちには我慢できないことだった。

そこで自主的に復旧工事を行った。日々の食事にもこと欠く生活を送りながらも、厳しい労働環境のなかで、水害のあったときなどには徹夜して復旧に励んだ。

先に回想記を引用した高橋理は、キティ台風のときの「復興闘争」の思い出も記している。高橋が勤務していた亀戸変電所はゼロメートル地帯にあり、平井駅を降りると町ごと水没していた。なんとか変電所にたどりつくと、そこには社宅住まいの社員や近所の人たちが避難していたという。すぐに避難民の必需品を書き出して買い出し隊を送り出すとともに、復旧作業にとりかかった。水位は、干潮なら膝くらい、満潮のときは二メートルにもなったという。そこを泳ぎながらの作業だった。ゼロメートル地帯では、自然に水がひくことはない。切れた堤防を直し、ポンプで排水するだけで何日もかかった。それから全滅した変電所で、回路を一つずつ調べ、ケーブルを敷き直す。浸水した社宅を住めるようにしたり、避難民の買い物を続けたりしながらの作業だった。

「ほとんど日夜ぶっ通しで復旧に奮闘したのである。もし一方的な命令でやられたならこのような力はとても発揮できなかったと思う」

そうして「当初会社が考えていたときよりはるかに早く運転再開にこぎつけた」という。復旧工事を進める一方で、会社に対して、見舞金の不合理の是正、敢闘慰労金の支給、作業服や栄養物の支給、医師の巡回、社宅の修繕費の支給などを要求している。このように労働者が自主的に復旧作業を進めて、それに必要な道具、作業着、手袋や地下足袋、また手当などを要求することは、「復興闘争」と呼ばれた。

それは職場を自分たちのものと感じさせ、皆で苦労して復旧をなしとげたという仲間意識や、地域住民、配電区域の人々との信頼関係も育てた。国家管理されていては得られなかった労働の喜びも、また電力事業者としての矜持も得られた。

水害を受けた信濃川水系の佐久発電所の復旧では、食糧、作業物資の不足から現場労働者の四四％が過労による要注意者となった程の奮闘がみられた。（『検証　レッド・パージ』）

こんなにして電力を守ってきた自分たちが、電源破壊などするわけがないではないか。という悔しさが、先の小説の田村所長の言葉にこめられていただろう。

現場労働者の苦労や献身ぶりを語るのは共産党的なお決まりの話法と言えなくもないが、電源破壊の容疑が、彼らのしてきた仕事への誇りを傷つけ、汚したことは間違いない。

復興闘争は、電力飢饉という状況のなかで、「電力危機突破闘争」へと拡大する。各支部や分会ごとに「電力協議会」を作って、地域の労組や大口の電力需要家、市民団体などと提携し、電力配分を民主化しようという闘争である。

たとえば昭和電工の川崎工場では、一九四七年二月から家庭でも一般の工場でも連日十二時間の停電が行われていたときに、神奈川県の全電力の五七%を割り当てられていたという。肥料が傾斜生産の対象に指定されていたとはいえ、あまりな「超優遇ぶり」だった。(室伏哲郎『汚職の構造』岩波新書、一九八一年)。昭和電工の日野原節三社長は、工場が賠償指定されることや財閥解体の指定を避けること、復興金融金庫の融資を多く受けることなどを目的に、GHQ、官僚、政治家などへ接待、贈賄を行ったが、昭和電工社員の平均月収が八百七十五円だった時代に、一年二か月で約一億円の機密費を使ったという(『同前』)。その潤沢な資金は、電力供給の「超優遇」が生み出したものだったろうが、またその「超優遇」じたい、接待や賄賂で得たものだったのだろう。前章で紹介した一九四九年十一月の電力飢饉の新聞記事には昭電の肥料生産の減少が報じられていたが、それは疑獄事件の発覚によって「超優遇」が解消された結果でもあったのかもしれない。

八

この昭電の異常な「超優遇ぶり」に最初に気づいたのは一人の電産組合員で、独力で調査して公正取引委員会に訴えたという。この人は、日発の職制（管理職）や組合幹部のスキャンダルをも暴露した「名物男」だったそうだ。レッド・パージで解雇され、まもなく病死したという（『検証　レッド・パージ』）。

電力飢饉で皆が困っているとき、このような電力供給の不公平をなくすことを目標として需要者と共闘すれば、電産の運動への市民の理解も高まるだろう。電産の最大の武器は「停電スト」だったが、電力飢饉のためにしょっちゅう停電しているときには効果がない。それどころか、やむをえない停電まで電産のストだと思われて、市民からの批判を強めてしまう。そうでなくても停電ストには批判が多かった。そこで、電力飢饉という危機をむしろ利用して、大衆との連帯をはかろうと考えたのが、「電力危機突破闘争」だった。

それに対して、電源の危機を言い立て、不安をあおり立てることで労働運動の分断をはかったのが、電源防衛運動だった。しかし民同派からすれば、共産派は政治闘争のために労働運動を利用しており、「共闘」も「連帯」も、共産党の勢力拡大を狙っているにすぎない。組合から共産派を「分離」し、追放することが急務だった。共産党を弾劾した文書を承認する「確認書」提出を組合員に義務づけるという「特別指令」によって、分離すべき人々が明確になったことで、レッド・パージは容易になった。組合員として再登録されなかった者については、解雇されても電産は不当とみなさず抗議はしないとしていたからである。パージ後には、会社の措置を当然とする声明も出している。

ＧＨＱ、政府、会社、民同派、右翼活動家、暴力団が連携して、レッド・パージの「準備」は進められた。

変質する職場

怪事件の効果は絶大だった。群馬県の山中の岩室発電所で理由不明のダイナマイト爆発が起こったとき、共産党のしわざだとされたが、その発電所での体験を、当時の電産内の日本共産党フラクションのキャップだった藤川義太郎は次のように語っている。

「（岩室発電所は）五二人の職場で約半数が共産党員ですが、その社宅がこの事件での共産党の連絡アジトだというぐあいにフレームアップされた。そうなると、村人とのつきあいができなくなる。近所はもちろん社宅のなかでも共産党員と口をきかなくなる。親兄弟も自分の息子がまきこまれると困るというので、泣きおとしにかかる。結局、村八分みたいな状態になって、全員が脱党しました。私はその職場に一人で

八

はいっていきましたが、みな脱党したことがうしろめたいんですよ。元気のよかった若い人たちが、柱の陰にかくれて会おうとしないわけです」（『聞書 電産の群像』）

〝赤〟は分離され、アンタッチャブルな存在とされた。もし怪事件が共産党員のしわざだったのなら、党のためには逆効果でしかなかった。とはいえ破壊だけが目的なら、それでもいい。朝鮮戦争の後方攪乱としては、そのような行動もありえただろう。実際、翌年には破壊活動に踏み出していくわけだから、ありえないとは言えない。このときはどうだったのだろうか。

一月のコミンフォルムの批判の後、日本共産党は、大きくは「主流派（所感派）」と「国際派」に、実際はもっと多くの小分派に分かれて、互いを批判しあい、潰しあいする党内抗争をつづけた。党じたいが危機状態にありながら、内輪の争いに明け暮れていたらしい。田川和夫『日本共産党史』（現代思潮社、一九六五年）は、この時期の日共について次のように記している。

彼らのなかには、朝鮮戦争の勃発という事態のなかで、レッド・パージにたいして非妥協的に闘い、ブルジョワジーの意図を挫折させることによって内乱に導き、四九年闘争の敗北の教訓を五〇年に生かし、労働者階級を決起させるべき、思想と方針と組織的準備などなにひとつとして存在していなかったのである。

七月五日に日共は、「直接と間接をとわず、朝鮮の内戦にわが国を関与させてはならない」と、中立、不干渉を主張する声明を発表する。「日本の勤労者階級は、北朝鮮に同情し、これを支援している。しかしこの問題は朝鮮人民の手によって解決されるべきものであり、外部から干渉されるべきものではない。われわれは世界平和の名において朝鮮の内戦にたいする一切の干渉に反対する」というのである。

日共が後方攪乱を狙っているという疑惑を否定するための表向きの発表かもしれないが、実際、この頃の日共には、なりをひそめて嵐のすぎるのを待っていたかのような態度がうかがえる。そして、政府や会社の思うままのレッド・パージが行われた。武装革命論が実践されるようになるのは、そのあとのことなのである。

奇妙にも、五〇年の秋以来、すでにレッド・パージも完了し、労働運動が退却している時期になって、急に権力闘争を前面に押し出し始め、いわゆる極左戦術への転換が始まったのであった。（『同前』）

八

一九五一年には、議会主義を否定し、軍事方針を打ち出す。合法的な大衆闘争を捨て、当然、大衆の支持はなくなった。それから約五年、破壊に略奪、暗殺を革命の手段とする、今日の日本共産党にとってはアンタッチャブルな時代が続くことになる。

電源破壊の怪事件が続いたのは、すでにコミンフォルム批判を受け入れて武装革命論に転じていながら、いまだ軍事闘争には転じておらず、むしろ弾圧をまねくような軋轢を避けようとしていたようにみえる時期にあたる。それ以前も日共はＧＨＱとの衝突をできるだけ避けようとしていたが、内部抗争に精いっぱいで、その姿勢を変える余裕もなかったのだろうか。

この時期のことを、小山弘健『戦後日本共産党史』（芳賀書店、一九六六年）は、次のように書いている。

> 党としてもっとも大切な職場の基盤がつぶされつつあるとき、党内闘争のほうはますます深刻化していき、全党のエネルギーがほとんどこの内争にそそぎこまれるありさまだった。そのため七月から年末へかけて、朝鮮戦争の進展にたいしても、ファッショ的なレッド・パージの実施にたいしても、有効な対策をたてたり大きぼな大衆闘争を組織したりすることが、なにひとつできなかった。

小山は、軍事方針に転換してからのゲリラ戦については記しているから、もし電源破壊が行われていたなら、それも書いていそうだ。きっとここに書かれているように、全党のエネルギーが党内闘争に注ぎ込まれていたというのが実状だったのだろう。

これでは、かりにコミンフォルムの秘密指令書が本物だったとしても、とても組織的に実行することなどできそうにない。むろん、統制力もなく分派抗争が激しかったからこそ、「ハネあがり」が、我こそはスターリンの指導に忠実に応えてみせようと行動することがなかったとも言いきれない。そのくらいの留保は必要だが、組織的な行動でないなら陰謀とは呼べないだろう。個々の怪事件については検証しようもないが、組織的な破壊工作とされたことは、フレーム・アップだったと言ってよさそうだ。

しかも電産組合員は、先に記したように、仕事への強い誇りを持っていた人たちである。特権的な国策会社であったこともあって、電力会社の社員であることはそれ自体が誇りであったし、とくに日発社員の会社への愛着は非常に強いものがあった（『電産の興亡』）。技術者なら、なおさらだろう。電産が再編成問題で一社化案を主張した一面には、日発社員の企業愛もあったのである。

先にキティ台風のときの奮戦について引用した高橋理の回想記によれば、レッド・パージ

八

された後で、所内の人に「いったい僕らが変電所を破壊すると本当に思ったか」と問うたところ、「君らがやるとは全然思わなかったが、誰かが来てやるのじゃないかとは思った」と答えたという。個人としてはそんなことをするわけがないと信じられても、一方で、陰謀があるという報道にも心をとらえられていたのだろう。

いまでも私の一生の中で「自分の職場」と呼べるものがあるとすれば、この中川べりの変電所であり、〝働く仲間〟といえば此処で働いていた人々の顔が浮かぶ。この職場で私は労働者としての自覚に目覚め、戦い、人間として一人前になっていったのである。

レッド・パージは、私をこの職場から追い出しただけでなく職場の仲間との暖かい協力関係を打ち壊してしまった。それは生き生きとした自分たちの職場から、会社の単なる仕事場にしてしまった元凶ではなかったかと思う。

レッド・パージは職場を変えてしまった。

八月二十六日、かねて予行演習されてきたように、朝から支店、支社、営業所、発電所、変電所を、武装警官が包囲した。機関銃を持ったMPも立っていた。職場内を私服警官が闊歩した。午前十時、全国でいっせいに解雇通告が発表される。張り出された紙に名前を記された者は、職場に入ることを許されなかった。解雇の理由は一切、説明されなかった。共産党員だからクビだとは言わなかったのである。

会社から表彰されていた優秀な社員でも、容赦なくパージされた。党員ではなく、人道主義的な正義感から職場の改善を望んだり、平和主義や民主主義の理想をナイーブに求めたりして組合活動に参加していた人たちもふくまれていた。反骨の気性とか義侠心とかを発揮し、経営者にとって面倒な奴だったために切られた人もいたらしい。

一方で、「誰がみても、〝首になるのが当然〟と目された著名な幹部が、解雇を免れ」るということもあった。

関東配電群馬支部に所属したT・Oは、一九四九年一月の総選挙で日本共産党の候補者として群馬一区から立候補し、同党躍進の選挙結果の中で次点になった人である。慶応出身のインテリであるOは、電産関東群馬県支部の委員長、パージ直前の改選期まで関東地本の委員長を歴任するなどの経歴を持ち、左派の牙城といわれた電産群馬を代表する〝輝ける指導者〟であった。このOがパージの直前に〝反共声明〟を出して、日本共産党からの脱党を宣言した。この時のOの影響下にあった

〝一族郎党〟の十数名が行動を共にしている。その後Oは神奈川県の小坪にある関東配電のサナトリウムに入院し、そこでパージを迎えたが、解雇は免れている。(『検証レッド・パージ』)

パージ前には、党を脱ければ会社に残れるようにするからと説かれた人はもちろん多かったが、組合幹部には、栄転や大金をエサにして離党を誘惑されたり、ばつが悪いなら病気ということにして会社の療養所に入れるようにしようと提案されたりした人たちもいた。その勧誘を断った人たちの情報から、T・Oも同様な道筋を与えられてパージを逃れたのだろうと推測された。もちろん、パージされれば家族も路頭に迷うことになるから離党者は多く、それ自体は批判できることではない。ただ、このような小ボスの変わり身は裏取引もあって巧みだった。そして出世もする。

Oはその後栄達の道を歩み、日本原子力発電株式会社(原電)の副社長になった。一九八一年敦賀発電所に発生した放射能漏れ事件に際し、責任者として国会に呼ばれたOの姿をテレビでみて、昔の仲間たちはその健在を知ったのである。(『同前』)

ありきたりな話ではあろう。しかし、レッド・パージが職場の雰囲気をすっかり変えてしまったことを象徴するような逸話でもある。

レッド・パージの証言や体験記を読むと、パージ後に、不当解雇の抗議に職場に来た人がいても、それまでいっしょに闘ってきた仲間たちがおし黙ってうつむいていたなどという、やるせない場面が見られる。どこも雇ってくれないので飴や石鹸などを売り歩くようになり、元の職場なら買ってくれるだろうと訪れても、かつての仲間たちはうつむいたまま口を利こうとしなかったという話もある。オルグされるのを避けたい気持ちや、また後ろめたさもあっただろうが、なにより〝赤〟にかかわれば自分も疑われるという不安が職場を支配していたようだ。かつての上司に飴を買わせたら、皆もようやく買ったという、なさけないようなエピソードも語られている。

レッド・パージは、共産主義者への忌避意識を強めたというだけでなく、職場で人々が仕事に向かう姿勢をも変化させてしまったのではないだろうか。

レッド・パージ後、経営側が強くなったことで、電産が十月闘争で勝ち取った成果は、ほとんど消えてしまった。労働者の生活よりも、企業の成長が優先されるようになった。民同は左派と右派とに分裂し、熾烈な抗争をつづけたすえに、右派が第二組合として企業別組合を作り、ついに電産は崩壊する。電力再編成によって会社が分割され、一つの組合としての活動が難しくなったことも大きな要因だった。

先に中曽根康弘の電源防衛運動の回想を引用した元秘書の佐藤は、「共産党の支配下にあった各電産を民同に切りかえたのは青雲塾運動だ」と語ったという（『中曽根康弘研究』）。電源破壊のデマ情報が助けたのは、電産のレッド・パージだけではない。なにしろ朝鮮戦争のさなかである。すべてのレッド・パージについても、その違法性を許容させ、風当たりを弱くした。あるいは当然なすべきことと思わせた。レッド・パージを経て、全産業で企業別組合への移行が進み、経営側が優位に立つ労使協調路線が主流となっていく。電源破壊の陰謀のフレーム・アップは、この移行をすみやかにした。ジョン・G・ロバーツ＋グレン・デイビス『軍隊なき占領』によれば、朝鮮戦争の勃発から四か月たった十月二十三日、外交問題評議会でダレス国務長官は、「日本を自由世界圏内にとどめおくという問題は唯一、朝鮮のおかげで（略）解決可能になった」と述べたという。朝鮮戦争が、日本を西側陣営につなぎとめたというのである。

朝鮮戦争が引き起こしたとも言える電源防衛戦は、労使関係の転換をうながし、企業に朝鮮戦争の「特需」に応えさせた。低条件の労働力を動員して米軍の大量需要に応えることで、企業は力をつけ、高度経済成長も可能になった。戦後史のステップを大きく進めたのである。その歴史は、和を重んずる私たちが会社と争ったりせず貧しくてもみんなで頑張ったことで繁栄をとげたという物語になった。職場に組み込まれた修養団体の倫理も、この物語を支えた。この戦後史のフレーム・アップが、今日の労働環境をも支えているのではなかろうか。

九

原子力特急・正力松太郎

急がれた原発導入

一九五五年五月九日、アメリカから読売新聞社が招いた「原子力平和使節団」が来日した。ゼネラル・ダイナミックス社の会長兼社長のジョン・J・ホプキンスを団長に、ヴァーノン・ウェルシュ副社長、サイクロトロンの発明者である物理学者アーネスト・ローレンス、チェース・マンハッタン銀行の原子力部長ローレンス・ハフスタッド（元アメリカ原子力委員会の原子炉開発部長）の四人が、華々しく迎えられた。ゼネラル・ダイナミックス社は、前年に原子力潜水艦ノーチラス号を完成させた軍事企業で、その潜水艦の原子炉を改造した発電用原子炉を開発中だった。

十三日には日比谷公会堂で「原子力平和利用大講演会」が催され、開会の挨拶で読売新聞社社主の正力松太郎は、原子力発電の必要を次のように述べた（佐野眞一『巨怪伝』文藝春秋、一九九四年）。

「日本ぐらい土地の面積に比較して人口の多い国はないのであります。土地がせまくて人口が多い。その上に終戦によって満州や南方から多数の同胞が帰ってきました。せまい土地にますます人が増え、さらに台湾、樺太はじめ土地をずいぶんとられた。土地がとられ、同胞が帰ってその上にみなさんもご承知のとおり毎年百万人

九

近くの人口が出生しております。これからさきの国民の生活はどうなるかということは私が申すまでもなく皆さんのわかることと思います。

この国民の生活の安定を図ることはどうしてもあの恐るべきエネルギーを持っておる原子力の力による方法しかないのであります。あの原子力の偉大なる力を利用してこそはじめて産業の革命ができ、農業の革命もできさらに技術の革命ができると私どもは信じております」


表現はともかく、四章でみた国土開発の必要を説いた人々と同じ理屈である。そしてこの頃から、原子力発電の導入は、無理強いと見えるほど急速に進められていく。

この頃、発電量は毎年十％程度の増加をみていた。需要も急増していたが、巨大ダムや発電効率にすぐれた新鋭火力発電所が新設されつつあり、深刻な電力飢饉に陥ることはなくなった。むろん不安はまだあったが、今後の消費増大に対応できるよう急速な電源開発が進められていた真っ最中である。対して原子力発電は、このときまだ英米でも実用化できていない。国内では技術研究もろくにされていない。つまり電力供給のために限れば、そこまで強引に急がねばならない状況ではなく、また現実的に可能といえる状況でもなかった。だが正力は次々に具体化に向けて手を打っていく。

なぜ、それほど急ぐ必要があったのだろうか。

一九五九年に日本原子力産業会議が発行した『原子力発電所の安全性に関する解説　第一集――コールダーホール改良型　原子力発電所は安全である』は、「できるだけ多くの人々が正しい認識を持つために、真実が知らされることが大切」であるとして編まれた小冊子で、事故や爆発などはありえないことや、何かあっても被害は出ないことなどがQ&A形式で説かれているのだが、その最初の質問が「原子力発電の開発をすると、われわれの生活にどんな利益がありますか。また、何故急ぐのですか」である。

答えは、増えていく電力消費に応えられるようにということに尽きている。水力発電は経済的に有利な開発地点が少なくなり、石炭や石油は輸入しないといけないので、やがてまかなえなくなる。だから原子力発電なのだという。急ぐのは、その建設に足掛け五年はかかるからで、今はとりあえず輸入に頼るのだが、いずれ国産化するために「重電機工業、金属工業、化学工業をはじめとする原子力発電に関連のある産業の技術の向上をはかったり、技術者を養成したり、その開発体制を整備するには相当な時間」が必要で、だから「原子力発電に着手するのは早ければ、早いほどよいということになります」という。

とりあえずは、もっともなようでもある。石油の禁輸措置が太平洋戦争の引き金になったことや、毎年のように電力飢饉を体験してきたことが、将来への備えを重視させたのだろうと想像もされる。

しかし、導入にあたった当事者たちの証言記録をもとに記されたNHK・ETV特集取材班『原子力政策研究会100時間の極秘音源——メルトダウンへの道』（新潮文庫、二〇一六年）をみると、科学者や技術者による研究のことなどほとんど無視して、政治家や官僚、そして企業家たちが推し進めたことがわかる。むろん科学者らには自前の研究を積み上げて国産化をめざすべきだという主張もあったが、今すぐ輸入して運転し、国産化はそれをコピーすれば早いという考えが勝った。とにかく急いでいたのである。

「平和利用」とアメリカ

原子力平和使節団が来日した年の十一月、読売新聞社は日比谷公園で原子力平和利用博覧会を催した。六週間で三十六万人が入場したという。博覧会は、さらに全国十カ所を巡回する。アメリカ大使館に国務省が置いた文化交流局（USIS）と各地の新聞社との共催で、一九五七年八月までの二年近くも続けられた。全国あわせた総入場者数は二百六十三万七千人におよんだという。

読売新聞は、紙面やテレビも利用して、「原子力の平和利用」キャンペーンを大々的に繰り広げた。ホプキンスらを招いた時の講演会について正力は「日比谷では、熱心な聴衆が入場できず、場外にあふれる盛況を呼びましたので、私はこれを日本テレビおよび読売新聞の全機能をあげて、全国に報道、放送して徹底的な啓蒙活動を繰り返しました」と記し、この活動によって「原子力平和利用による、大いなる産業革命への第一歩が築かれました。これほど大きな、しかも歴史的意義をもった大衆啓蒙活動は、かつてなかったかと思われます」と自賛している（正力松太郎『私の悲願』オリオン社、一九六五年）。

この「啓蒙活動」が、ビキニ環礁の水爆実験による第五福竜丸被曝事件で広がった原水爆禁止運動とそれにともなう反米感情の高まりを鎮静化するための、アメリカと組んでの情報工作であったことはよく知られているだろう。

一九五三年八月にソ連が水爆実験に成功すると、それまで原子力技術を機密として独占してきたアメリカは方針を転換し、十二月に国連総会でアイゼンハワー大統領が「平和利用」のための核技術の公開と核の国際管理を提言する。いわゆる「アトムズ・フォー・ピース」の演説である。原子力技術の独占が破れたからには、ソ連が技術供与によって陣営を拡大する危険を阻止しようという目的だった。核兵器を通常兵器と同様に使用するという「ニュールック政策」と一体の戦略であり、核の国際管理を提言したのは、アメリカの人道的姿勢を世界にアピールするためで、本気ではなかったと言われる。

九

だが核の「平和利用」を世界に広めるという主張は、アメリカ国民にとって重要な意味を持っていた。

リリエンソールは、核の「平和利用」に希望が燃え上がった理由について、アメリカは核兵器という恐ろしい発明をしたが、「われわれは平和を愛好する国民である」から、「この偉大な発見」には「使い方によっては国民に恩恵を与えるような用途があることを実証したい」と「ひそかに決心した」のだと記している（『原爆から生き残る道――変化・希望・爆弾』鹿島守之助訳、鹿島研究所出版会、一九六五年）。悪魔的な兵器を発明し使用した国民でなく、爆弾にもなるが大きな恩恵ももたらす新エネルギーを開発した国民になりたかったのだ。米国民に共有された希望だった。

一九四七年十二月十六日にリリエンソールが農業局で講演したときの聴衆の反応にも、そうした感情をうかがうことができる。聴衆は、四千五百人の農民たちだった。リリエンソールは植物に放射性物質を注射して線量を計測するなどの実演を交えて話した。

この原子力というやつの兵器利用をなくしてしまって、農業研究のような福祉方面に使ったらどうかと誰かが言ったときのみんなの感動ぶりを見るのは楽しかった。私が草稿に戻って「人道と神の国に奉仕しようではないか」と結語したとき、聴衆は一つの絵にとけこんだかのように思われた。無数の人々だが、それは統一された

一つの存在であり、祝福を述べ合うかのようであった。（『リリエンソール日記　3』末田守・今井隆吉訳、みすず書房、一九六九年）

拍手が沸き起こった。

こういう農民たちは無感動で興奮しない人々であるが、彼らの拍手はびっくりするばかりだった。私が立ち上がるまで、彼らは起立して喝采をつづけた。（『同前』）

核を「平和利用」できるということは、それほどの喜びだった。その喜びは一方で、核への批判や抵抗感を弱めることにもなる。石油や石炭の安価なアメリカにとってあまり必要のなかった原子力発電を開発することには、そのような意味もあった。それだけに、明るい夢としての面が過大に語られがちだった。

一方、日本にも、原爆の被害を受けた日本人こそ核を「平和利用」すべきだという考えがあった。たとえば理論物理学者の伏見康治は「世界最初の原爆の悲惨な洗礼を受けた日本人は、世界に向ってウラニウムを要求する権利がある。ウラニウムを平和的に使ってみせて、原爆を作り、また落とした人びとに対する返答にしなければならない」と説いた（朝日新聞一九五二年十一月四日）。ねじれた発想のようにも感じられるが、当時はよく語られた理屈だった。

原子力のマーシャル・プラン

アイゼンハワーの演説から三か月後、改進党の中曽根康弘らが原子力予算案を国会に提出する。政局的に与党が反対できない状況を利用した、いきなりの提出だった。ところが、この予算案提出の前日に、アメリカはビキニ沖で水爆実験を行い、第五福竜丸をはじめ、多くの漁船が被曝していた。予算案は自然成立したものの、市民は不安にかられ、原水爆禁止運動は高まる一方だった。核への恐怖や怒りは、すなわち反米感情でもある。

正力の懐刀だった柴田《しばた》秀利《ひでとし》は、国連軍の政治分析官（実はＣＩＡのエージェント）の友人から、この状況にどう対処すべきか相談されて、「毒をもって毒を制す」だとして、「原爆反対を潰すには、原子力の平和利用を大々的に謳いあげ、それによって、偉大な産業革命の明日に希望を与えるほかはない」と提案する（柴田秀利『戦後マスコミ回遊記』中公文庫、一九九五年）。

すでにアメリカ側にも同様な考えがあったので、読売新聞を受け皿として、このプランはすみやかに実行された。山崎正勝『日本の核開発１９３９〜１９５５――原爆から原子力へ』（績文堂出版、二〇一一年）によれば、日本テレビ創設のさいの協力者だったホールステッドから、ホプキンスが訪日するので政財界の首脳との会談をセットするよう連絡を受けた柴田は、返書に「待ち望んでいた」と喜びを記した後で、自分たちが「テレビは原子力工業化の第一歩である」と理解していたことや、それが「共産主義をこの地上から追い出す唯一の道だ」と書いているという。むろん、このような政治的な目的は徹底的に隠されていた。少し後の柴田のホールステッドへの手紙には、「ホプキンス氏は政府の人間ではないし、私たちも自由な新聞だから、誰もそのような真の狙いをかぎつける可能性はない」と記されているという。

同書によれば、アメリカ国防総省は日本でのビキニ水爆実験の報道をみて危惧を覚え、アースキン国防長官補佐官は三月二十二日に国家安全保障会議（NSC）作戦調整委員会（OCB）に手紙を送って、「この事件が共産主義者のプロパガンダに利用されることに対する憂慮から、ドイツのベルリンとともに、日本で原子炉を建設するなど、原子エネルギーの『非軍事的利用』を推進することを提言した」。これが「日本への原子炉導入に関するアメリカ政府内の最初の言及だったと考えられる」という。

ただし、このときは日本への原子炉導入は進められなかった。さしあたりはビキニ事件をできるかぎり小さく思わせるような情報工作が最優先だった。

「危険な放射能」という主張を相殺するために自然放射線の工業的許容基準について情報を広めること、ビキニ被曝者の病状を放射能でなくサンゴの粉塵によるものとすること、日本

九

の科学者や産業家と民間レベルで核エネルギーの平和利用の可能性について検討して「原子工業フォーラム」へと支援していくこと、ソ連の核実験の放射能に対する日本人の関心の弱さを指摘すること、などといった工作が行われる。

米国政府が危惧したのは、平和運動の高まりによって日本が共産主義陣営に引き寄せられることだった。だから情報工作が効を奏すれば、実際に原子炉を供与しなくてもよかった。むしろ日本に濃縮ウランを持たせることには慎重意見も強かった。軍事利用への不安があったからである。

だが、早く輸出すべきだという主張もあった。その一つが「原子力平和使節団」として来日したゼネラル・ダイナミックス社の社長兼会長のジョン・ホプキンスによる、「原子力マーシャル・プラン」の提言だった。ヨーロッパの戦後復興を支援することによってソ連の勢力封じ込めを企図したマーシャル・プランに、原子炉の供与をなぞらえたのである。一九五四年十二月一日に、全米製造業者協会のアメリカ工業第五九回年会の講演で提唱したという。

ホプキンスは、ソ連が原子力の産業利用を外交政策の道具にしようとしていることは明白で、このままではアジアの途上国がソ連の発電用原子炉によって「非友好的競争国」になってしまい、アメリカがソ連に屈することになると訴えた。それを防ぐには、「アメリカ政府が友好国政府と民間企業家グループの協力を得て、原子炉を建設するため資金、資材、設備取付に関し百年計画を新たに開始する」べきだと提唱し、それが「米国の企業と製品を外国に送り出す機会とはけ口」にもなると述べた（『日本の核開発』）。

ソ連は、一九五四年六月に世界初の民用原子力発電所をオブニンスクで運転開始し、その原子炉技術を中国、チェコスロバキア、ポーランドなどの共産主義諸国に提供しようとしていた。原子力技術による囲い込みである。ホプキンスは、それに対抗する囲い込みの国防上の必要と、それが企業の利益にもなることを説いたのである。この構想の日本側の受け皿を用意したのが、正力松太郎と柴田秀利だった。つまり、単純に反共プロパガンダとだけは言えなかった。

たしかに柴田も正力も強烈な反共主義者である。柴田がこのときとくに憎んでいた相手は、日本共産党ではなく、鳩山一郎首相だった。共産党は分裂し、恐れるほどの勢力ではなかった。むろん鳩山が共産主義者であるわけではないが、ソ連や中国に友好的に接近し、日ソ平和条約を結ぼうとしていた鳩山とその周辺の人々に対して、柴田は激しい怒りを持っていた。柴田にとっては原子力の啓蒙運動の最大の目的が防共にあったことはまちがいない。

使節団一行の来日が、原爆反対即反米の嵐を鎮静させ、政府、世論を動かして、その滞在中に、濃縮ウラン受け入れの決定にまで漕ぎつけさせてしまったことは、ま

九

さに予想外の成果だったといってよかろう。これでまさに危機一髪にまでさし迫っていた日米関係の絆は、再び固く結び戻され、ソ連や共産党の企図した平和攻勢の出鼻を、完全にヘシ折ることができた。(『戦後マスコミ回遊記』)

柴田の努力が世界の危機を救ったかのような書きぶりだが、使節団訪日や博覧会、また新聞、テレビを活用しての大キャンペーンが、原子力に対する国民の意識を大きく変えたことは事実だった。核への恐怖心の大きさがそのまま、核エネルギーを「平和利用」する夢の大きさに転じられ、アメリカに対する反感も薄らいだのである。

反米感情を弱めるという目論見は、こうして果たせた。しかしホプキンスら企業家としては、それだけでは不十分だっただろう。

また正力にも、核エネルギーに託した別の野心があった。総理大臣になることである。その年の二月の衆議院選挙に初出馬したとき、公約は「原子力の平和利用」と「保守合同」だった。それでホプキンスに総選挙の前に来日してくれるよう、柴田に依頼させている。それは先方が多忙でかなわなかったが、どのみち選挙区である富山県で通用する公約ではなかった。

世俗に超絶した、こんな高邁な二大スローガンに、富山の有権者がついてくるはずはなかった。選挙は当然大苦戦となり、湯水のような金と人海戦術で、辛うじて当選して帰った。（『戦後マスコミ回遊記』）

マスコミならではの人脈でスポーツ選手や芸能人を動員するなどの手を尽くして、なんとか当選した正力は、まず保守合同に、次いで原子力発電の実現へと邁進する。それが総理大臣への最短コースと踏んでいたらしい。正力は、大野伴睦と三木武吉という犬猿の仲だった両人に親しかったので、金で仲介して話しあわせ、保守合同への道をつけたが、その過程で三木とのあいだで鳩山の次は正力を総裁にするという密約をかわしていたという（『巨怪伝』）。

保守合同のために尽力した功労で、鳩山から防衛大臣にと打診された正力は、原子力担当大臣をやると主張し、その座に就く。日比谷公園で平和利用博覧会を開催していたさなかの就任である。

ただし正力は、この年の十二月十二日の国会審議で、核燃料を「ガイ燃料」と言い、野党議員からそれは「カク燃料」のことかと確認されても答えられなかったくらい、「原子力に関する知識は小指の先ほどもなかった」（『同前』）。正力にとっては、それが人を動かす大きな夢でさえあればよかったのだろう。夢の大きさは、それが動かす経済の大きさでもある。

九

正力の発想は具体的で、即物的だ。十二月十九日に原子力基本法など原子力三法が成立すると、年明けて一月一日には原子力委員会を発足させ、正力が委員長に就任する。そして四日には、五年以内に採算のとれる原子力発電所を建設したいと宣言してしまう。むろん、なんの裏付けもなかった。

そして三月一日には、原子力産業会議を発足させる。経団連、電気事業連合会、電力中央研究所、電機工業会などをメンバーとする、原子力の商業化をめざす団体である。

日発解体の隙間に始まる

原子力産業会議の常任理事兼事務局長には、橋本清之助が就任した。それまで電力経済研究所の常任理事だった人物である。

電力経済研究所は、日発の最後の総裁として解体、清算にあたった小坂順造が、記念事業の一つとして清算の剰余金で一九五二年に創立し、理事長となった研究所だ。橋本は小坂の依頼で、その設立や運営事務を担った。そしてこの研究所に、日本初の原子力発電について調査、研究する組織、「新エネルギー研究委員会」が設けられた。

さんざん揉めた電力再編成の、その結末としての日発解体の隙間からひねりだされた資金によって、原子力発電の最初の研究機関が生み出された。それは原発のその後を象徴するような発端とも思える。後述するが、原発導入をめぐる競争は、電力再編成や電発設立をめぐる争いの延長戦のような面も持っていたからである。

「新エネルギー研究委員会」はまもなく「原子力平和利用調査会」と改称され、アメリカ原子力産業会議に日本から加盟を許されたただ一つの組織として、アメリカからの原子力情報の窓口ともなった。それが一九五六年に正力の肝いりで「日本原子力産業会議」に統合されると、橋本清之助もそちらに移った。

電力経済研究所の顧問だった後藤文夫も、原子力産業会議の顧問になった。後藤は、原子力発電の実現を日本で最初に構想した人物だろうとも言われている。橋本はかつて、後藤の秘書官だった。

後藤文夫は、内務省警保局長、台湾総督府総務長官などを経て、貴族院勅撰議員に転身、農林大臣、内務大臣となり、また内務省の「革新官僚」らと「新日本同盟」を結成し、大政翼賛会を構想して実現に尽力、実現後には副総裁をつとめた。

橋本は、もと時事新報社の記者だったが、「新日本同盟」に加わったことから後藤の秘書官となり、翼賛政治体制協議会、翼賛政治会の事務局長をつとめて、翼賛選挙を実現させるなど大政翼賛会を支え、貴族院勅撰議員ともなった。

九

つまり両者ともに大政翼賛運動の中心にいた人物だった。戦後、後藤はA級戦犯に指名されて巣鴨拘置所に収監され、橋本は公職追放となった。後藤は巣鴨で、アメリカの書籍や新聞、雑誌を熱心に読みふけった。おもな関心は農業経営にあったが、原子力発電についての記事をみて強い興味を持つ。一方、橋本は公職追放の身ながら、後藤の釈放を嘆願して方々に運動して回っていた。

一九四八年、東條英機ら七名がA級戦犯として処刑された翌日の十二月二十四日、後藤は、岸信介や児玉誉士夫、笹川良一らとともに、巣鴨拘置所から釈放された。迎えにきた橋本に、後藤は原子力発電について語ったという。

小坂順造が原子力発電に関心を持ったのも、最初はこの二人に説かれてのことだったのかもしれない。戦前に後藤文夫の家が小坂邸の筋向いにあった縁から、橋本は後藤とともに軽井沢の別荘などに何度か訪れるなど、小坂と「一応の面識」があったという。それが戦後になって、「当面の政、財界の実力者」である小坂が、「戦後の日陰者」である自分や後藤に、「いかなる訳にや、小坂翁より特別の知遇を得たるか今に至るまで分明せず」と記している（奥健太郎「橋本清之助遺稿」『法学研究』七八巻一〇号、二〇〇五年）。橋本自身が不思議に思うほど、小坂が後藤や橋本を厚遇したらしい。電力経済研究所の設立事務、運営の常務を委任されたことについても、「エネルギー問題等余はその智識、造詣もなく全くの素人なるにも拘わらず、小坂翁の切なる懇請によって引受くることとし」たという。小坂が橋本を見込んだのが、電力や原子力に詳しいからでなかったのなら、かって大政翼賛の新体制を裏方として作り支えた実務能力を評価してのことだったのだろう。

橋本と後藤は、正力とも以前から親しかった。正力が警視庁の警務部長だった時に後藤が警保局長だったことからのつながり、そして橋本とは貴族院議員として同期だった縁である。当然、正力の原子力政策にはこの二人の意見が影響していただろう。

かつて大政翼賛運動を牽引した二人が、原子力発電の導入をも牽引した。大政翼賛運動は社会に理想を求めた運動だったが、実現すると抑圧的な統治の道具に堕してしまった。原子力発電は同じ道を歩まなかっただろうか。

山岡淳一郎『日本電力戦争』（草思社、二〇一五年）によれば、「電力関係者は、陰で橋本を『ジイサン』と呼んでいる。絶大な力への怖れと、技術を知らない素人への侮蔑、少しばかりの親しみをこめてジイサンと呼んだ。原子力の本当の黒幕は、政治家や政府の役人、財界の重鎮などではなく、ジイサンだと畏怖した」という。ジイサンは、一九七三年に資源エネルギー庁が創設され「エネルギー政策の一元化、総合化」が標榜されたとき、官僚たちが許認可権や法的規制を使って独走するとみて、原子力産業会議を解体し「原子力国民会議」を立ち上げようとした。この組織に官僚を組み込むことで独走を防ごうとしたのだ。その実現のため、東京電力社長の木川田一隆を引き込もうとしたが、木川田はこれを原子力版の大政翼賛会だとみて、責任の所在が曖昧でかえって暴走しかねないと主張し、賛同しなかったという。翼賛運動的な考えは、「原子力の本当の黒幕」のいわば癖になった発想だったのかもしれない。この構想が挫折した一九七三年、橋本は引退する。

修養と原子力

後藤文夫は、文明の進歩を制御できなくなった現代には新たな文明とそれを担当する人格が台頭してくるという歴史観のもと、農村の青年の修養に期待をかけていた。第一次世界大戦後、物質文明の発達により人々が「放心」し、共産主義が台頭してきた危機的な時代に、修養主義に基づいた青年たちの「人格統制」によって、新たな時代が作れると考えたのである（中村宗悦『後藤文夫――人格の統制から国家社会の統制へ』日本経済評論社、二〇〇八年）。「青年団運動の父」の田澤義鋪《たざわよしはる》、修養団団長の平沼騏一郎とは同志であり、自身も一九三七年に日本青年館理事、四六年には理事長に就任して青年団運動を率いた。青年団と修養団とはほぼ一体となって、ともに大政翼賛会を下から支えた。後藤は戦後にも、産業開発青年協会、日本青年館の理事長を務め、一九七七年には修養団の顧問になっている。以前と思想は変わることがなかったということだろう。

一方、一九五三年に「産業道路開発協会」を設立して初代会長となり、全国を熱心に調査して回ってもいる。資源開発を行って産業発展に結びつけるためには山間の奥地に通じる道路建設が必要だと、諸方竹虎に働きかけ、一九六四年には「奥地等産業開発道路整備臨時措置法」の制定にいたった。産業道路開発協会は、一九七一年に「奥地開発道路協会」に改組し、やはり後藤が会長に就く。後藤の評伝を記した中村宗悦は、奥地産業道路開発には、かつての昭和研究会の国土計画研究会で考究されたプランが影響しているかもしれないと論じている。それは高度国防国家建設の思想を下敷きにしつつ、諸機能の大都市圏への集中を避けて地方分散することで総合国力の発揮をめざすという計画で、国土計画研究会の委員長は後藤だった。中村によれば、この昭和研究会の国土計画の存在が、戦後いちはやく国土計画が策定できた背景にあり、少なからぬ影響を及ぼしているだろうともいう（中村宗悦『後藤文夫』）。「奥地」に通じる産業道路と、当時は雲をつかむような話だった原子力発電。やはり失った植民地の代替を求める発想のようにも感じられるが、後藤にとっては「農村更生」というテーマが一貫してあったにすぎないのかもしれない。それは原子力発電所の立地問題にもつながりそうだ。

原子力産業会議が発足した二か月後の五月、衆議院商工委員会で、「原子力の平和利用を推

九

進し、科学技術の飛躍的発展を期するため、原子力総括機構を含む科学技術行政全般の総合調整と刷新の目的をもって」、科学技術庁の設立が決議された。翌年五月に発足すると、正力は初代長官に就く。

大淀昇一『技術官僚の政治参画』（中公新書、一九九七年）は、科学技術庁とは、戦争中の中枢的な科学技術行政機関であった技術院を再建したものだったという。技術院は、航空機の生産に関して「画期的躍進目標を確定し、是を計画期間内に実現する為め技術能力を集中動員す」ることを目的として、設立が可能になった官庁だった。それを原子力の開発・利用に関する同様の目的をもった機関として再建したのが、科学技術庁だったというのである。科学技術庁の執行する行政事務は、ほとんどが総合調整事務だが、原子力局と資源局だけは実施事務とされ、資源局は一九六八年に資源調査所として独立したので、それ以来、科学技術庁はいっそう原子力の開発・利用行政に特化した機関となった。

原子力発電は、戦争中の航空機開発・生産に匹敵するような重要課題とみなされたわけである。

コールダーホール型原子炉の導入

科学技術庁の設立が決議された五月、正力の招待に応じて、イギリス原子力公社の理事、クリストファー・ヒントンが来日した。

ヒントンは、講演会や座談会でイギリス製の「コールダーホール改良型発電用原子炉」がいかに有望かを熱心に、また誇大に語った。正力は、ヒントンから一キロワットあたり二・五円という低コストで発電できると聞いて、その導入を一人合点に思い定め、原子力委員会の訪英調査団と民間の原子力産業会議の使節団との二つの団体を視察に派遣する。

当時のイギリスでは、敵国であった日本人に対して誰もがあからさまに侮蔑的な態度をとったが、この一行に対しては掌を返したような歓迎ぶりで、大使館員たちを驚かせたという。それほど売り込みに熱がはいっていたらしい。

原子力委員会の調査団が帰国すると、正力は即座に採用を決定してしまう。調査団の報告書はコールダーホール型を選択しうる有望な可能性の一つとしていたにすぎなかったが、正力にはそれで十分だったらしい。

コールダーホール型は、原爆の原料であるプルトニウムを製造するための原子炉を発電もできるように改良したものなので、実際の発電効率はよくなかった。発電コストが安いというのは、生産されたプルトニウムを売却した売り上げ分を差し引いての話で、日本で発電する場合はむしろ石油よりも割高になった。しかも建築にかかる費用は莫大だ。そうした事実は、説明されても正力の耳には入らない。「木っ端役人は黙っとれ」と怒鳴ったという。正力の一存によって、コールダーホール型原子炉の導入が決定された。

天然ウランを使う黒鉛炉であるコールダーホール型よりも、濃縮ウランを使うアメリカ製の軽水炉のほうが効率がいいことはわかっていた。その導入に向けて、すでに前年六月にはアメリカと原子力協定を仮調印してもいた。ただ、アメリカ側の協定案にアメリカの援助を義務とする「ひもつき条項」があることや、技術が機密とされていたことに、日本学術会議が決めた「公開・民主・自主」の三原則に反すると学者たちが反対していた。一月に正力が五年以内に実現すると宣言したとき、そのためにアメリカと動力協定を結ぶと言ったことで強い反発を招いてもいた。経団連は三原則など邪魔だと批判して協定を急がせたがったが、どのみち商用の軽水炉はまだ完成していなかったのだから、すぐにアメリカから輸入することはできなかった。「五年以内」という宣言を本気で実現しようと思うなら、イギリス製を選ぶしかなかった。

じつは、それしかなかったのでなく、むしろ戦略的にそれを選んだのだと、有馬哲夫『原発と原爆』（文春新書、二〇一二年）は論じている。正力の狙いは生産されるプルトニウム、つまり原爆の材料にあったというのである。また、アメリカを揺さぶり、秘密条項を削除するなど動力協定の条件を緩和させようという考えもあった。状況証拠が多くあげられているから、そうだったのかもしれない。真意はわからないが、とにかく正力は導入を急いだ。

この無茶苦茶な正力の勢いにいちはやく乗ってきたのは、電力会社ではなく、財閥系の商社だった。

財閥系企業は戦後、集中排除法によってバラバラにされ、幹部が公職追放されたことや労働運動の激化などによって、弱体化していた。たとえば三菱商事も三分割され、一九五四年には合同を果たして再興はしたものの、すでに伊藤忠商事や丸紅のような後発の商社が航空機など主要産業の海外エージェントと契約していたため、かつての勢いをすぐに取り戻すことは難しかった。そこに原子力発電という手つかずの新分野が登場したのである。

原子力平和利用博覧会が日比谷公園で開催される前日の十月三十日、三菱グループは「三菱原子動力委員会」を結成している。三菱系の十八社がこの委員会によって結ばれた。

同じ動きが、次々と起こる。

一九五六年三月、新興コンツェルン系の日立グループ六社が「東京原子力産業懇談会」を、同年四月に住友グループ十四社が「住友原子力委員会」を、六月に三井グループ十六社が「日本原子力事業会」を、八月には古河、富士、川崎グループが第一原子力産業グループを発足

九

させる。これは旧澁澤財閥の第一銀行を仲立ちとしたグループで十四社からなった。こうして「五グループ」が誕生した。

同時代に発行された成沢清美『日本の電力』は、この動向に「財閥の再生」を見ている。五六年一月三十日にアメリカ議会で発表された「マッキニー特別審議会報告」は、石油や石炭よりも高コストの原子力発電所がアメリカで普及することはないだろうが、企業に研究・開発を続ける資金が必要なので、まず一九六〇年をめどに特定の国々に輸出して建設していけば、やがて六五年くらいには、原子力発電が採算のあうものかどうかがわかるだろう、という報告をしているという。この外国に「売らんかな」のアメリカ原子力産業に対し、日本の商社は「買わんかな」の対応をしているが、原子力産業には非常に多くの分野がかかわることから、かつての財閥系の企業が再結集する機会となった。「このようにわが国ではその実体が、いくらもととのわないうちから、旧財閥をよみがえらしたばかりでなく、新しい企業結合の様相も加えて、独占の進行を、飛躍的に高めようとしてい」た。

こうして企業が沸き立ったのは、まず莫大な政府予算があったからである。一九五四年に初めて原子力研究予算が国会で認められたとき、その金額は二億三千五百万円だった。中曽根康弘は、原子力委員会が査定した予算に大蔵省をタッチさせないことにし、五六年一月に原子力委員会が予算額の見積もりを始めたとき、日本原子力研究所から十九億円くらいの予算を積み上げてくると、「それじゃ少ないんじゃないかと。特に中曽根さんがその日も午後になって出てこられて、五十億くらい要求しろという話で。ところがどう積み上げても五十億にならなくて」、三十六億二千万円となった。その金額にも裏づけはなかったという（科学技術庁の村田浩の証言『原子力政策研究会100時間の極秘音源』）。この曖昧で巨大な予算の分け前にあずかろうと、まず商社が沸き立ったわけである。むろんそれはアメリカ企業のチャンスでもあった。

　商社はそれぞれ、原子力メーカーの輸入代理権の獲得をめざして激しく争った。ゼネラル・エレクトリック社から輸入する予定だった実験用原子炉（CP―5型）の輸入代理権をめぐって、三井系の第一物産と丸紅のあいだで「死に物狂いの争奪戦が演じられ」たが、結局、輸入先が米AMF社となって、取り扱い商社は三菱商事、そして原子炉の部品の製作、組み立ても三菱グループが行うことになった。また、イギリスのコールダーホールへ原子力委員会が訪英調査団を派遣したときも、団員として参加するため、三菱系、三井系（東芝）、日立製作所のあいだで激しい競りあいが行われ、これも三菱が勝って、三菱日本重工の稲生光吉取締役が団員となった。東芝、日立では、これより先に出発した原子力産業会議の視察団に加わったメンバーが、ロンドンでオブザーバーとして原子力委員会の調査団に合流するという条件で妥協したのだという（『日本の電力』）。イギリス側も熱心に売り込んだが、訪れた日本側も熱くなっていたのである。

九

「逆コース」をうながしたもの

戦前の大企業とアメリカ企業との結びつきは、戦時中に中断され、戦後も占領政策のもとですぐには復活できなかった。アメリカ企業としては、戦前の日本企業への投資を回収したかったが、財閥解体、幹部の公職追放が、かつてのパイプを切断していた。ジョン・G・ロバーツ＋グレン・デイビス『軍隊なき占領』によれば、占領政策のいわゆる「逆コース」への転換には、ＡＣＪ（アメリカ対日協議会）を中枢機構とするジャパン・ロビーによる、このつながり回復のための働きかけがあったという。ＡＣＪは、国務省内でもっとも保守的な勢力であったジョセフ・グルーの考えを方針としていた。グルーは、戦前に日本大使だったときから、日本企業と取引のあるアメリカ企業の利益を守るために日本軍部の暴走にも我慢すべきだと訴えており、ファシズム容認の考えを持っていた。それは戦後も変わらず、戦時体制の担い手だった人々を復帰させることを望んだ。戦前の投資を回収し、さらにアメリカ企業にとって有利な市場にしたいというアメリカ大企業の幹部の要望を背景に、ジャパン・ロビーの面々は暗躍した。

とくに暗躍したのは、『ニューズウィーク』外信部長のハリー・カーンである。当時の『ニューズウィーク』は、「アメリカ大企業の牙城」にして「アメリカ保守主義の砦」であった全米製造業者協会の「広範な宣伝網の一翼を担っていた」雑誌の一つだった。『ニューズウィーク』発行人のマルコム・ミュアはこの協会のリーダーでもあり、オーナー重役アベレル・ハリマンとビンセント・アスターはこの協会を盛んに支援していたという。

そういえば、ゼネラル・ダイナミックス社のホプキンスが「原子力マーシャル・プラン」を提唱したのも、全米製造業者協会での講演だった。

『ニューズウィーク』は、「J・P・モルガン社のほか、ハリマン、アスター、ホイットニー、メロンなど大手金融グループの影響下にあ」り、「多くの大企業幹部がそうだったように、『ニューズウィーク』の役員たちも、欧州とアジアのファシズムを擁護する傾向にあ」った。実際、フランコ将軍やムッソリーニを支持したという。

ハリー・カーンは、講和条約締結後、『ニューズウィーク』を辞め、『フォーリン・リポーツ』の発行人となるが、ロビイストとしての活動を深めて、後にはロッキード事件、ダグラス・グラマン事件のフィクサーとして知られることになる。カーンは『ニューズウィーク』を通じて、財閥解体や公職追放を批判し、アメリカの利益を最優先する規定をもりこんだ単独講和条約を結ぶべきことなどを主張した。

また、有力ロビイストの一人であった弁護士、ジェームズ・リー・カウフマンは、「安くて

九

従順で勤勉な日本人労働力に関心がある産業資本家の利益を代表する立場」から、民主的な労働法を与えたことは、十歳の子供に好きにさせたようなもので、日本の労働者階級は抑えがきかなくなったと批判した。

彼らのレポートが国務省や国防総省内に広められ、占領政策の転換を促した結果が、いわゆる「逆コース」だったという。冷戦が原因で「逆コース」への政策転換が行われたという理解は、『軍隊なき占領』によれば因果関係が逆なのである。逆とまでは言えないにしても、「逆コース」は冷戦構造が形成されていく過程としてダイナミックにとらえられるべきなのだろう。

ポーレー賠償は実行されず、集中排除の方針は後退し、公職追放者は徐々に追放を解除されていった。レッド・パージが行われた翌年の一九五一年には、未解除の公職追放者がすべて解除される。こうして戦前の日本企業とアメリカ企業との関係が回復した。

昭和二十六年三月、三菱電機がウェスティングハウスと新契約を締結、同社（三菱）製品種の約七割に対する特許権・実用新案権の使用権が提供され、ウェステングハウスから新たに百万株、五千万円（保有率四・一%）の払込が行われたのをはじめ、東芝がIGE社の販売権と日本の特許代理人たるの地位を回復し、富士電機とジーメン

ス社は、二七年四月、技術提携と株式保有との契約復活の調印を完了した。このほか日立製作所も、バブコック・アンド・ウィルコックス社と共同出資で、日立＝バブコック社を設立して、大型火力発電所重点化の傾向に対する態勢を整えた。（岸幸喜『電気機器』有斐閣、一九六〇年）

このような経緯の背景にアメリカ企業側の働きかけがあったのだとすれば、財閥が復元されていったなかで、逆行するように日発が解体されたことにも、同様の背景を想定できるのかもしれない。日発の場合、分割してこそ、戦前の大電力会社とアメリカ企業との関係が復元できるからである。

関西電力はウェスティングハウス社と、東京電力はゼネラル・エレクトリック社との提携を復活し、その結果、「モルガン財閥（ゼネラル・エレクトリック社）―三井財閥（東芝）―東京電力」、「メロン財閥（ウェスティングハウス社）―三菱財閥―関西電力」という「二筋の、広くかつ大きいつながりが、出現しようとしてい」た（『日本の電力』）。

ただし、商社やメーカーの熱気に比して、そのころの電力会社は原子力発電に消極的だったと言われる。松永安左エ門は原子力発電は未完成の技術であり建設は時期尚早だと批判し、東京電力の社長となる木川田一隆も当初は断固として着手を認めなかった。

九

しかし東京電力は、一九五五年十一月一日に、「原子力発電課」を設置する。日比谷公園での「原子力平和利用博覧会」の初日、三菱グループが「三菱原子動力委員会」を結成した翌日である。それから翌年にかけて財閥系企業による「五グループ」が結成され、原子力産業会議が発足し、日本原子力研究所、原子燃料公社が設立される。木川田は、この流れに乗ったのだろうか。

その頃には、他の電力会社でも「原子力課」を設けている。ただ、いずれも文献調査をしていた程度で、本格的な研究をしていたところはなかったという。ダムや新鋭火力発電所の建設が勢いよく進んでいたときだから、いまだ実体のわからない原子力にあまり熱が入らなかったのも当然かもしれない。

だが一九五六年の原子力産業使節団に参加した後の木川田には、かなり積極的な発言が見られる。使節団は九月十七日に羽田を出発し、アメリカとヨーロッパの各地を巡り、コールダーホール原発も視察して、十一月二十三日に帰国した。東京電力の広報誌『東電グラフ』一九五七年一月号には早速、木川田と評論家、三宅晴輝《みやけせいき》との対談「欧米の原子力発電を視て」が掲載され、そこで木川田は、原発導入を早くすべきだという趣旨の発言をしているのである。

積極派の三宅が「日本の学者諸君がいうように、自主的に積み上げるというのは、研究ならいいけれど、エネルギー資源が枯渇して早くやらなきゃならんという状態のときには、期日に間に合うように成功してもらわなければならん」と言うのに対して、木川田も次のように受けている。

「そういう観念的な問題とその現実のエネルギー資源の要求と、そこらにわれわれが非常に反省しなければならん問題があると思いますね」

そして、もうコストにこだわらず着手すべきだとも言う。

「この原子力発電が将来エネルギーの根本の要素になることは明瞭なんですから従って引き合うかどうかという問題がなお未解決でも、将来の原子力経済の発展の成功を見越してもう着手しないといけないんだ、ということですね」「そこに成功があるんだろうと思うんですよ。待っていたんじゃしようがない」

対談のこの部分には、「待っていられない日本」という小見出しがつけられているのだが、なぜ待っていられないのだろう。この対談の最後は、三宅の次の発言でしめくくられている。

九

「原子力発電がいまコストに合うかどうかは大した問題ではない。水力・火力とまぜて送電するんだから、多少高くても、その高い原子力発電のものがそのまま売られるわけではない。多少のリスクは覚悟して、工業としての原子力発電には早速手をつけなければなりませんね。これから先、大いに頑張っていただいて、日本の産業の文字通り原動力である電力エネルギーの増強に期待していますよ」

科学者の研究抜きの「工業としての原子力発電」を、「多少のリスクは覚悟して」やれとは、ずいぶん乱暴な言いようである。むろん、このリスクとはコスト面のことだが、コスト以外のリスクは考えられてさえいないということでもある。

この対談からは、木川田も原発導入に前のめりになっていたように見える。欧米を視察して気が変わったのだろうか。

対談のなかで木川田は、いささか唐突な、次のような発言もしていた。

「若い人は考えた方がいいと思うんだけれども、ナショナリズムというと、なにかミニタリズム、帝国主義に通ずると簡単に片付けてしまうけれども、そうじゃなくて、なにか国民の幸福をみんなして作り上げようという新しい意味合いの進歩的なナショナリズムができてもいいと思う。日本はそれを失いつつあるが、自分の国のみんなが幸福になるという意味のナショナリズムを蔑視するというのは、やはり個人――自分を蔑視するのと同じじゃないか。自分の尊厳を尊重するなら、国民みんながよくなろうというナショナリズムがあってもいいんじゃないか、と私は思うんだけれども……。

原子力経済も、その国の関係する人々が、国の将来の大きな発展幸福のために、国の力でもって育てあげようという大きな立場から、一つの営利というような問題を少し伏せておいても、その発展のために協力しようということが成り立つんではないか、と思って居るんですがね」

営利をさしおいても原子力発電をやろうという趣旨のようだが、それを言うのに、なぜいきなりナショナリズムについての講釈をするのだろう。かかった原価をすべて料金にのせられる総括原価方式なので、採算のあわない原子力発電をやれば電気料金を値上げすることになるが、国の将来のためと理解してほしいということを言いたいのだろうか。だとしたら、ひどくわかりにくく遠回しにすぎる。

九

あるいは、電源開発株式会社（電発）に対抗する意識をこめていた可能性も考えられそうだ。

小坂順造が一九五四年に電力経済研究所から電発に移って二代総裁になると、電発内に「原子力室」を設置する。電発は、民間企業にはできないとされた大規模な電源開発を行う目的で創立された特殊会社だったから、原子力発電を担うことは道理にかなっている。大型ダムを建設できる場所が尽きれば電発の主要な仕事がなくなるから、そのときのための用意でもあった。

だが、このことは電力会社を刺激した。電力再編成や電発創設のときと同様、官僚が電力界に支配を広げようとしているとみたのである。これへの対抗意識が、電力各社に原子力担当の課を新設させることになったらしい。この背景をふまえて木川田の発言を読むと、官営会社に任せずとも、民間企業が国家の将来のためを考えて営利にこだわらず協力してやるから任せろ、という意思を表明しているようにも読める。

むろんこの時点では、「原子力課」を設けて、すでに着手しているという既成事実を作るていどの取り組みだったかもしれない。だがコールダーホール型の導入が具体化すると、それではすまなくなる。受け入れ先として、電発が名乗りを上げたからだ。

電発の三代総裁の内海清温は、当分黒字の見込みのない原子力発電は国営の電発でやるべきだと主張し、河野一郎がそれを支援した。九電力側は対抗策として、五七年五月に民間出資で「原子力発電振興会社」を作った。もともと民間で進めるつもりだった正力は、電力会社でやるべきだと主張して、河野と対立した。河野は国家の機関で安全性や経済性をたしかめながら慎重に時間をかけて進めるべきだとも主張したから、先を急ぐ正力にはそれも我慢できなかったのかもしれない。両者の論争は三か月にわたって続いた。

田原総一朗『生存への契約』（文藝春秋、一九八一年）は、それまで原子力に興味のなかった河野が急に身を乗り出してきたのは、通産官僚から「原子力産業は十年以内に十兆円規模という巨大産業になる」と未来図を描いて見せられたときだったという、その当人である元通産官僚の証言を紹介している。河野はその官僚に「大規模な新産業創出によって生じるであろう巨大な利権の見取図」までも要求したという。しかもコールダーホール導入にあたって、河野がくりかえし確認したのは、経済性や安全性についてではなく、交換に鮭の缶詰をイギリスに買わせることだった。漁業界は河野の資金源であり、当時、鮭、鱒の缶詰のはけ口に困っていたのだという。

未来の利権で河野をあやつった通産官僚らは、原子力開発を掌握することで、将来の電力産業の主導権を握れると考えたようだ。正力と河野の論争が続く間に、電気事業連合会の専務理事で日本原子力産業会議の常任理事でもあった松根宗一が、「このままだと国がやることになるぞ」「電発にやらせていいのか」と、電力会社側の対抗意識をあおりたて、やる気にさ

九

せた。松根は、かつて電力が国家管理にされようとしていたときに、反対を表明していた電力連盟の事務局長だったため、警視庁に拘引され、あちこちの警察署をたらい回しにされて何十日も拘留されるという経験をしていた。それで誰よりも危機感が強かったのだろう。後に「そう言って脅かさなければ、電力は原子力には手を出さなかっただろう」と言っていたという（『原子力政策研究会100時間の極秘音源』）。つまり、この時点では、電力側が原子力発電を担うことになった動機は、官僚にやらせたくないという対抗心だけだったらしい。

松根が電力会社をたきつけてやらせたのは、おそらく河野への献金だった。『生存への契約』によれば、松根は「これで決着をつけたのだよ。もっとも、やったのはオレじゃないがね」と言いながら、親指と人差し指で丸を作って見せたという。

そうして電力側が八割、電発が二割を出資して、新会社「日本原子力発電株式会社（原電）」が設立された。二割というのは電発と河野の顔を立てたにすぎず、民間の電力会社が原子力発電を担うことになった。ただ科学技術庁の原子力局政策課長で、原電の最初の定款を起草した島村武久によれば、当時の電力会社は先を見てやろうとしていたわけでなく、「国営反対論」にすぎなかったという。「電力会社が我々にやらせてくださいと言ったのは、原子力を民間でやらせてくださいという意味とは違って、反電発なんです」「原子力発電を一生懸命やるというお気持ちは、どうもなかったように思うんです」というのである（『原子力政策研究会100時間の極秘音源』）。

電発にやらせたくないばかりに、電力会社はまだ時期尚早と思いながらも原発の建設に乗り出さざるをえなくなったらしい。正力の強引な推進の結果ではあれ、この対抗意識も導入を急がせることになった。

もっとも、電力会社にはやる気がないと島村に見えたのは、コールダーホール型の拙速な導入に内心は冷ややかだったせいかもしれない。関西電力は五六年四月に原子力発電研究委員会を組織して原子炉の諸型について検討を始め、東京電力でも五六年六月に東芝・日立のグループと東電原子力発電共同研究会を組織し、翌年にはひそかに建設用地の調査に動き出してさえいた。電力会社では早くから軽水炉を導入するのが当然と思い、導入すべき時期の訪れを見計らっていたのだろう。木川田の対談での乗り気な発言は、まったくのポーズにすぎなかったわけではないと思う。

東海村で建設に着工したコールダーホール型原子炉は、完成するまで苦難の連続だった。耐震性を考慮しての再設計に始まり、部材の不良などの問題が続出し、建設を請け負ったイギリスの会社はしまいに投げ出してしまう。売りこむときには、今後はこの原子炉を大量生産すると豪語していたのに、これきり製造を中止してしまうような代物だった。結局、東海発電所が運転を開始するのは、一九六六年のことである。

九

1957年、原子炉1号の完成式が行われた

その間に、アメリカで実用化された軽水炉の建設計画が進んでいく。一九六二年に原電が福井県敦賀に軽水炉を建設すると発表し、六五年にゼネラル・エレクトリック社の沸騰水型に決定する。関西電力と東京電力も六六年に、関西電力は福井県美浜町にウェスティングハウス社の加圧水型軽水炉を、東京電力は福島県双葉郡大熊町・双葉町にゼネラル・エレクトリック社の沸騰水型軽水炉を建設すると決定した。関西電力と東京電力には強い先陣争いの競争意識があり、それぞれ六〇年代初頭からすでに用地の選定や買収に動いていたという。ウェスティングハウス社とゼネラル・エレクトリック社も、それぞれの炉型の原子炉の売り込みを激しく競ったようだ。その結果、北海道、四国、九州電力が加圧水型、東北、中部、北陸、中国電力が沸騰水型を採用した。

なぜか、二つの炉型の基数は均衡した。

それは、通産省が二系列に平等に割り振ったのだろうと、吉岡斉『新版　原子力の社会史』(朝日新聞出版、二〇一一年)は推測している。六〇年代後半には本格的な建設時代を迎え、七〇年に原電の敦賀、関電の美浜が運転を始めたのを皮切りに、七〇年代の十年間だけで二十基という高ペースで原発が稼働を始めた。その後も大型化しながら建設が続き、二〇〇〇年末には五十一基に達する。その間も二系統の炉型の基数は均衡し、経済やエネルギーの情勢変化に影響をうけることもなく、直線的に増加していった。吉岡は、「原発建設はエネルギー安全保

九

障等の公称上の政策目標にとって不可欠であるから推進されたのではなく、『原発建設のための原発建設』が、あたかも完璧な社会主義経済におけるノルマ達成のごとく、つづけられてきたようにみうけられる」という。その計画経済は、もちろん、通産省によってコントロールされてきた。すなわち戦前、戦中に通商省、軍需省として、経済の統制を担ってきた官僚たちである。

原発開発の主導権争いで民間が勝ったはずなのに、いったいどうしてそうなったのだろうか。

どうやら、先の木川田の対談中の発言にあったように、原発は、国の将来のためだからと利益を度外視するつもりでないとできないものだったためのようだ。

それにはさまざまな面がある。

原発の国産化に向けて技術の蓄積ができるように、電力会社はアメリカのメーカーと契約していても、可能なところは国内の複数のメーカーに分散して下請けさせた。それは重電機企業の育成をめざした通産省の行政指導に従うことでもあった。また通産省は原発の安全規制行政を担ったから、その強化にともない許認可権も強まった。電力会社は当然その指示に従わねばならない。核燃料サイクルの確立、高速増殖炉の実用化をめざすという国策にも、電力会社は足並みをそろえねばならない。そもそも燃料輸入や核廃棄物処理、そして立地をめぐっても、民間には手に負えないことばかりだった。電源三法による立地自治体への交付金によって原発の増設がかろうじて可能になるという事態は、もはや官民が一体でなければ建設も維持もできないということだ。さらに原発への反対運動に対抗するためにも、電力会社は「国のエネルギー政策への協力」という「お墨付き」が必要となり、『国策民営』の性格を色濃くするようになった」（橘川武郎『日本電力業発展のダイナミズム』名古屋大学出版会、二〇〇四年）。

原発は、競争関係にあった電力会社同士をも「一枚岩」にさせた。「九社のなかには、北陸電力のように原子力発電所を保有する必要がなかったと思われる会社も存在したし、中部電力のように原子力開発が予定どおり進展しなかったことがかえって結果的に相対的な好業績をもたらした会社も存在したが、原子力発電への反対運動に対して一枚岩的に立ち向かう方針をとった九電力会社サイドは、すべての会社が原子力発電所を保有することに拘泥した」（『同前』）というのである。反対運動は、原発のような大きなリスクをはらんだ施設では必ず起こる。そのリスクのある施設をすべての会社が持つことで「一枚岩」になり、国策への協力だからと押し通す。そうしなければできないものを作ってきたのである。

原発は、技術領域の巨大さ、未解決問題の規模、リスクの大きさなどの特質によって、「国の将来のため」という大看板をふりかざして「一枚岩」にならなくては、建設も維持もできなかった。

九

官僚支配に距離をとり、ときには積極的に抵抗や対抗をもしてきた電力会社は、原発を持ったことによって、行政と一体化した。原子力発電の割合が増えるほど、この一体化はゆるぎなくなる。日発の時代に戻ったようなものだ。

そうなる運命は、実際に原発を導入する前の木川田の発言のうちに見えていた。それが主導権を狙う電発＝官僚への牽制として言われたことだったなら、皮肉なことだ。その発想が危険なことは、松永安左ェ門にはわかっていたらしい。一九六五年、松永が率いる産業計画会議の第十四次レコメンデーション『原子力発電に提言』において、「長期的な将来に原子力が必要だからといって、短期的な必要がないにも拘らず現在、商業用発電炉を幾分の採算上の不利を容認して導入するならば短期的には勿論長期的な観点から見ても大きな誤りをおかすことになる」と、また新鋭火力発電所などと競争できるような採算もなく技術的進歩をうながすために導入するなど「技術的要請を経済問題として取り扱う」ことは、「日本経済に歪みをもたらす原因になる」と、警告しているのである。その「大きな誤り」や「歪み」が、国策を掲げての一体化を要求することになったわけだ。だが、すでに動いている原子力政策を、この警告が止めることはなかった。

一九七三年に橋本清之助が原子力国民会議を組織しようとしたとき木川田が否定したのは、もしかしたら、それが翼賛体制的な構想だからではなく、橋本の問題意識がもはや時代錯誤に思えたからだったのかもしれない。

保守合同と原子力

中曽根康弘は「私が原子力問題をあれだけ思い切ってやれたのは後援者がいたからですよ」と言い、三木武吉と岩淵辰雄の名前をあげている（『天地有情』）。三木は原子力に非常に関心を持っており、中曽根と顔を合わせるたびに「思い切ってやれ」と激励したという。

岩淵辰雄は、本書の二章で、吉田茂が日発解体から利益を得たというスキャンダルの語り手として登場したジャーナリストである。その岩淵の七回忌に編まれた『岩淵辰雄追想録』に、中曽根が岩淵の思い出を語った「天壇に半月が照っている絵」（一九八一年四月二十七日の口述）が収載されているが、そこでも中曽根は岩淵から受けた恩恵として原子力政策への助力をあげている。一九五四年に国会でいきなり予算案を提出して、原子炉築造等の調査費として二億三千五百万円の予算を成立させ、ジャーナリズムや学者たちから批判の集中砲火を浴びるなか、「非常に評価してくれたのが岩淵先生と三木武吉先生」だったという。

> 「保守合同ができ、自由民主党となり原子力政策を推進することになったわけです

が、中心は私が副幹事長としてとりしきりました。私が副幹事長になれたのには、一寸した裏話があるんですが、仕事をするには指導力を発揮できる副幹事長にしろということで、三木武吉さんが推薦してくれたんですが、あれは岩淵先生の指示だったですね」

岩淵の指示は、科学技術庁や原子力委員会の人事にもおよんでいたことを、中曽根は語っている。正力が科技庁長官になったことさえ、岩淵の推薦だったというのである。

「まず初代長官に誰を推すかということで相談しました。岩淵先生は正力松太郎にしろと言われた。三木武吉先生も大賛成で、正力さんを初代科学技術庁長官にすえたわけです。二代目が高碕達之助さん、私が三代目長官になりました。また事務次官を誰にするかというときも岩淵先生に相談しましたが、岩淵先生の強力な推薦で篠原君が事務次官になった。彼は松前さんの弟分で常に着実な立派な人でした。ずっと五年ぐらい事務次官をつとめ、その後、科学技術会議の議員になり、日本の科学技術政策の中心的存在になりましたね。

それから原子力委員の人選でも岩淵先生に相談して、湯川さんを引っ張りだした

九

いと申し上げたら非常におもしろいということで湯川さんに交渉したところ、藤岡由男さんといっしょに出してくれという条件つきなんだ。岩淵先生も藤岡さんという人はあまり知らなかったらしい。しかし湯川さんを引っ張り出すには少々の代償はしょうがないですよ、とのんでもらいましたがね」

なぜ原子力委員会の人事に岩淵の許可が必要だったのだろうか。のちに中曽根が科学技術庁長官、原子力委員長になったことについても、「相当、岸さんに推薦して下さって、私がなれたのは岩淵先生の推薦が非常に大きかったと思っています、中曽根をどうしてもしろ、そして思いきって原子力政策を推進しなきゃ駄目だと、だいぶやって下さったようでした」と語っている。

岩淵の原子力の知識については、中曽根に原子力研究を始めるにはまず予算を作れとアドバイスした原子物理学者の嵯峨根遼吉に、岩淵も接点があったらしい。

「嵯峨根さんを高く買っておられたが、私も嵯峨根さんは立派な学者だと思っておりましたが、期せずして一致して、やりやすかった。嵯峨根さんから聞かれたんだろうと思うけれども、岩淵先生という人はなかなか先端を行く人だなと思ったこと

九

があります。トリュームについて非常によく勉強されたとみえ『中曽根君、トリュームをのめば胃潰瘍なんかすぐ治るよ』、なんて言っとられましたよ」

どういう勉強かわからないが、原子力に関心を持っていたことはたしかなのだろう。

中曽根は鳩山政権のころ、池田正之輔とともに学校教科書が左傾しているという批判を「憂うべき教科書問題」というパンフレットにして、日本中に大量にばらまいていた。この運動の高まりによって教科書の検定制度が作られることになるが、これも「じつは岩淵先生がバックにいたから存分にやれたわけですよ」と言っている。六〇年の安保改定でも岸信介を強力に援護しており、親米右派的な活動をバックアップしていることが多い。原子力への関心も、その線からのものかもしれない。

中曽根は保守合同についても、三木武吉が岩淵を通じて米国の意向をくみとり実現したかのように説明している。岩淵について「とくにマッカーサー司令部内部の情報やアメリカの情報、ダレス国務長官からもかなり情報を得ているようでしたね」と言い、「それが岩淵先生を通じて三木武吉さんにかなり影響をあたえたんじゃないでしょうか。だから保守合同のとき、三木武吉さんは日比谷でいまの自民党結成の大演説会をやりましたが、三木武吉さんは、『これで自由世界の期待に応える……』とぶち上げたものですが、私はこれを聞いて、ははあ、爺さんは岩淵先生と連携しておって、あっちの方とかなり情報を通じていたなという気がしましたね」と、述べている。中曽根は、岩淵の言葉の背後にダレス国務長官の意向を見ている。たしかに保守合同は、ダレスの希望していたことだった。

保守合同の少し前、前年十二月に鳩山政権は日米行政協定で定めた年間五百五十億円の防衛分担金を二百億円減額して住宅建設にあてると公約したことから、日米に緊張が高まっていた。アメリカは日本の独断を強く批判したが、鳩山内閣はあくまで強硬な態度で交渉しようとしていたのである。池田慎太郎『日米同盟の政治史』（国際書院、二〇〇四年）におもに拠りつつ、その経緯を簡略にたどってみたい。

この問題の交渉のため、重光葵《しげみつまもる》外相は渡米しようとする。しかし、四、五日中に出発してアイゼンハワー大統領やダレス国務長官と会談したいという急な申し出に、アメリカ側は呆れ、しかもそのことが正式に通知される前に東京の外国通信社によって打電されてしまうという失敗も重なり、訪米を拒否されてしまう。同盟国の外務大臣が訪米を拒否されたことは、国内でも衝撃的に受けとめられた。

鳩山首相は、アリソン駐日大使と極東軍司令官マックスウェル・テイラー将軍と会談し、「二月の総選挙以来、社会党は人気を博して勢いがあり、他方自由党は民主党攻撃を強めており、アメリカが防衛分担金問題で譲歩しなければ予算を組むことができず、内閣は崩壊する」

九

と訴える。社会党は左右あわせると三分の一以上の議席を獲得しており、政権は不安定な状態にあった。アメリカ側も、日本のまもなくの統一地方選挙で保守党の勢力が弱まることを懸念し、対日防衛圧力を緩和する政策をとった。日本の防衛努力は保守勢力が権力の座にあってこそ実現できるのだという意見が、軍部の強硬論を抑えたのである。そうして互いの妥協によって、四月十九日、ようやく日米共同声明の発表にいたった。百七十八億円の減額が認められたが、飛行場の拡張、在日米軍の使用する施設の提供者への補償金に八十億円を計上する約束をさせられ、また減額は一年限りとされた。それでも形ばかりは公約が守れたことになるのだろうか。

このような日米の緊張を背景にして、保守合同すべしという動きも高まっていく。四月十二日には三木武吉が民主・自由両党に保守結集を呼びかける談話を発表する。その翌日、民主党幹事長だった岸信介は国務省のマクラーキン北東アジア課長と私的に会談し、保守合同が日米双方にとっての利益となると述べて、「アメリカはあらゆる機会を通じて、影響力のある指導者たちに対し、日本における保守的政治勢力の合同に基づく強力な保守政府の必要性を認識させて欲しい」と訴えた。

そして八月二十五日、岸は重光らと渡米した。重光の目的は安保条約改定にあったが、ダレス国務長官は冷たく突き放す。ただ、「経済六カ年計画」「防衛六カ年計画」の実現には保守勢力の結集が必要だとする説明に対しては支持し、「この方向で事が進み、近々成功することを希望する」「日本に強固に統一された政府があれば日本を助ける上で好都合である」とコメントした。安保条約にケチをつけてないで、まず国内の政治基盤を安定するように整備しろというのが、ダレスの思いだった。岸は、ダレスの考えにそうような発言をして、むしろ重光の足を引っ張った。

彼らのアメリカ到着前に、ハリー・カーンがダレスに書簡を送り、岸は来年首相になる確率が五十%だと売り込んでいた。『ニューズウィーク』は岸を高く評価する論説を載せ、その報道ぶりは「重光＝ダレス会談の真の主役が、重光でなく岸であることを象徴していた」という。

帰国した岸は、三木武吉と大野伴睦が会談で合同後の首相は公選するとした了解を無視するように、鳩山を初代総裁とし年内に合同という独自構想を打ち出していく。合同を早めようとしたわけだが、明らかに背後にダレスらの風を受けての強気な姿勢だった。

十月十三日に左右社会党が再統一したことで、保守政党に危機感が募り、保守合同は一気に実現に向かう。

十一月十五日、自由民主党の結党式が行われた。岸は幹事長となる。『ニューズウィーク』は、岸の舞台裏での活躍によって日本に二大政党制といえるものが誕生し、日本人が初めて

九

「保守」と呼べる右派政党を手に入れたと、賞賛した。

こうして自民党が結成されたが、その前日の十四日に、日米原子力研究協定が調印された。そして十二月十九日には原子力基本法が公布される。政治基盤と原子力政策の法的基盤とは、ほぼ同時に「整備」されたのである。そのどちらにも三木武吉や正力松太郎が大きな役割を果たしていた。

保守合同前の八月、ジュネーブで国連の第一回原子力国際会議が開かれ、駒形作次博士を団長とする代表団が出席した。顧問には、中曽根康弘（日本民主党）、前田正男（自由党）、志村茂治（左派社会党）、松前重義（右派社会党）と、四大政党から一人ずつ参加した。原子力政策は超党派で進めるべきだという了解があったからである。彼らは欧米各地を回りながら、ホテルで議論を重ね、原子力基本法の骨子となるものを作り上げた。帰国後、さらに超党派のメンバーで合同委員会を作って法案を練り、議員立法したのが、原子力基本法をはじめとする原子力関連法案だった。

当然ながら政党間には多くの対立があった。とりわけ中曽根は社会党とは真っ向から対立する立場だったが、「いわゆるイデオロギーには関係なく、原子力は必要なんだという一点で共通していた」（『天地有情』）のだという。

「たいへんでしたよ。八本前後の法案を一挙に国会に提出したわけですから。ただ、超党派でできているから問題なく通過するわけで、そうして科学技術庁もでき、原子力委員会もでき、あとは委員の人選だけとなったわけです。当時正力長官を助けて、主として私と松前さんとで案を作り、根回しをしました」(『同前』)

旧財閥系企業が原発に取り組むために再結集したように、九電力会社と通産省が原発のために「一枚岩」になるように、政党も原子力に関しては「超党派」で結びついた。それができたことについて中曽根は「原子力問題に関して共通意識が生まれたのは、有沢広巳さんとか、湯川秀樹さんを原子力委員会の中に入れたからだと思いますよ。とくに有沢さんの存在は大きかったですね」と語る(『天地有情』)。

有沢広巳は、東京帝大の経済学部教授で、労農派のマルクス主義者。石炭や鉄鋼に資金を集中させる傾斜生産方式を具体化したことで知られる。その手法は日銀を通じて軍需産業に資金を集中させた企画院のやり方と同じだった。社会党からの推薦で原子力委員になり、一九六五年から七二年までは委員長代理として実質上のトップにあった。その後は橋本清之助の次代の日本原子力産業会議会長として、原子力産業を率いる立場にあり続けた。労働界の代表として、社会科学的な議論によって原発を経済成長に不可欠なものとして説いた。その

九

議論が、湯川秀樹を権威とする「科学」とともに、イデオロギーに関係なく受容される「共通意識」になったということだろう。経済発展のために党派を超えて取り組むという姿勢は、大政翼賛会がめざしたことでもあった。

中曽根は一九五五年にジュネーブで国連の第一回原子力平和利用国際会議に代表団の一員として出席したさい、鳩山首相に報告の書簡を送って、原子力開発に乗り出すよう進言した。そこには「国際政治の軸が文明の競争的共存に移り、原子炉を有するや否や、即ち原子力の発達度合が国際的地位の象徴となって来た事が、今度の会議ではっきりした」とある。

原子力は「国際的地位の象徴」だった。

そして「日本が国際的地位を回復するのには、中立的である、この科学の発達に割り込むのが最も他国を刺激せずして早い道であ」り、「日本が将来原子力国際機関の理事国にでもなれば、国際的地位回復の重要な足掛かりとなる」という。原子力開発は「各党が超党派的に協力し得る最も易しい、然も最も国民が喜び、人口問題、雇用問題の宿命を解く歴史的政策であるから」、ぜひ鳩山にそのドアを開いていただきたいと訴えている。代表団の人々と相談して一致した意見だったという。「国際的地位の象徴」としての価値も、政党のイデオロギーを超えた「共通意識」だったわけである。

ここで「国際的地位の象徴」とされているのはもちろん「平和利用」される核だが、この発想には、核兵器を所有している国が「大国」と称されたことが前提にあるだろう。『原子力と平和利用』（松浦悦之編、原子力平和利用振興会、一九五八年）という写真集の「発刊のことば」は、次のように述べている。

戦前の日本人は良かれ悪しかれ世界の一流国という自意識がだれにもあった。これからの人達に誇りと自信を持って世界の一流国としての立場を保持してもらいたいことの一つに、この研究の分野がある。これは又幾人かの先輩が示したように、日本人の性格にあった世界の様な気がしてならない。

国威の象徴として、核は求められた。最先端の科学技術を持っているという意味での評価だが、それなら核兵器でも同じだろう。「潜在的核武装」という意味以前に、核兵器であれ「平和利用」であれ、核の保有は「一流国」の証だった。当時はそのような発想があった。たぶん今もある。これらの原発に認められた価値を追求して、政官財学の総力戦的な体制ができあがっていった。正力松太郎が華々しい花火で口火を切り、あわただしく導入をせきたてたが、正力だけが急いだのではなかった。急ぐ必要はなかったが、いつしか皆で互いにせきたてあうようになっていったのである。

最終戦争の時代と原子力

十

中曽根康弘は、しばしば次のような思い出を語っている。

八月八日朝、輸送業務で高松にいた私は、青い西の空にもくもくと雷雲のようなものが上がるのを見た。仲間は「火薬庫が爆発した」と言っていたが、やがて特殊爆弾という情報が入り、私はすぐにそれが原子爆弾であることが分かった。小林の父の教えで、アメリカの原子爆弾開発の可能性を認識していたからである。今でもその白い雲のイメージが眼底に焼きついている。そのときの衝撃が、後に私を原子力の平和利用に走らせる動機の一つになった。（『政治と人生』）

小林の父とは、妻の父である地質学者、小林儀一郎のことである。中曽根は小林から「核分裂、核融合はもとより、相対性理論や量子論に至るまでかなりの知識を得」ていたと記している。

中曽根は、自分が核の「平和利用」に取り組んだ動機として原爆を見た体験をあげるという定型的な語りを愛用していた。被爆国だからこそ核を「平和利用」してみせるべきだという理屈に似ている。

むろん、戦後の世界そのものが、立ち昇るキノコ雲と焼き尽くされた都市という光景から始まったことは忘れてはならないだろう。

それは、イギリスの作家H・G・ウェルズが描いたままの成り行きだった。『宇宙戦争』や『タイムマシン』などで有名なウェルズの作品のなかでも、『解放された世界』はもっとも予言的な内容を持つことで知られている。一九一九年にしてすでに、核分裂の連鎖反応から生ずるエネルギーを利用するというアイデアを提示し、そのエネルギーが軍事利用された結果、世界が滅亡の危機に瀕して「絶滅か世界平和か」という二者択一のときが到来することを描いた小説だ。そのような状況になって初めて各国の首脳は狂奔し、国家の主権を委譲して世界政府を作る。軍事力をその機関にのみ独占させることによって、ついに世界平和が実現するのである。

この作品は、たんなる予言的小説ではなかった。ウェルズは、国家が主権を手放して世界政府の統治にゆだねることによってのみ世界平和が実現できるという主張を、論説にも書き、講演をして回り、親友だったというチャーチルをはじめ、ルーズベルト、レーニン、スターリンなどの各国首脳に直接会って訴えてもいた。『解放された世界』は、世界政府実現に向けてのプログラムを示した物語と言ってもいい。

H・G・ウェルズ『ホモ・サピエンス　将来の展望（合本版）』（浜野輝訳、新思索社、二〇〇六年）に付された、ウェルズ研究者の浜野輝による解説「H・G・ウェルズ」によれば、一九三九年十月にウェルズはタイムズ紙に、戦後の国際社会のヴィジョンを人権宣言という形で発表した。さらにデイリーヘラルド紙上でこの問題について一か月間の論争を主宰したうえで、サンキー卿を長とする「サンキー委員会」を組織し、「サンキー人権宣言」を作成する。ウェルズは、この宣言の手稿を外務省を通じてルーズベルト、チャーチル、スターリンをはじめ、あらゆる国の指導者、知識人たちに送ったという。

そしてサンキー人権宣言を戦争目的として掲げるよう、また戦後の世界再建計画として承認するよう、そしてまた平和のもとに集まるすべての社会、共同体の〝共通の基本法〟として、条約、協定、和解に組み入れるよう強く求めた。ウェルズはその年、基本的人権の宣伝のために、また米ソの協調の必要を説くため三ヶ月にわたるアメリカでの講演旅行を試みた。

ウェルズは第一次大戦のときにも「戦争を終わらせるための戦争」という大義を戦争目的にせよと提唱するパンフレットを出版し、大戦のあとには世界平和を実現すべく世界政府を作るように働きかけていた。実際、アメリカのウィルソン大統領はこの目的を掲げて参戦した。そして戦後には、国際連盟が組織された。

それは世界政府にはほど遠い組織だったので、第二次世界大戦が勃発すると、ウェルズは今度こそその機会だと、「サンキー人権宣言」を戦争目的とするように説いて駆け回ったのである。

それはやがて一九四一年一月六日に行われたルーズヴェルト大統領の議会演説における彼の四つの自由宣言に、すなわち言論の自由、信仰の自由、欠乏からの自由、恐怖からの自由に、それから同年八月一〇日、ルーズヴェルト大統領がイギリス戦艦プリンス・オブ・ウェールズでチャーチル首相と会い、これらの四つの自由の原則を戦争目的として押し通すために起草して署名した『大西洋憲章』にまず姿を現わす。それはさらに、一九四二年一月一日、大西洋憲章に同意した連合国共同宣言に基本的人権という言葉となってはっきりとその姿を現わす。以来、戦後の諸国家の基本法に大きな影響を与えることになる。

浜野によれば、日本国憲法もこの影響のもとにできたという。ドイツに用いるために開発した核爆弾が日本に落とされたように、やはりドイツに実施する予定だった基本的人権による民主化と軍備の非合法化を、日本に課したというのである。世界政府のみが軍事力を持つ平和な世界に向けて、敗戦国である日本に一足早く戦争を放棄させたというのだ。

そこまで言えるのかはわからないが、ウェルズの「核兵器による最終戦争を経ての世界平和」というビジョンが、戦中、戦後の世界に大きな影響を与えたことは確かだろう。それはキリスト教的な終末論に似た物語とも言えそうだが、それを核爆弾や世界政府などの具体的なファクターで現代に再生させたのはウェルズだった。また現実の核兵器開発のきっかけとしても影響を与えた。ただウェルズの長年にわたる熱烈な言論活動によって、第二次大戦後ともなると、ウェルズの主張するようなことは誰の考えとも言えないくらい広まっていた。国際連合の創立も、世界人権宣言も、世界政府運動も、核の国際管理の提唱も、あまりウェルズの名は意識されていない。一九四六年にウェルズが没したせいもあるかもしれないが、戦後世界へのウェルズの影響は見えなくなっている。翻って言えば、それほど大きな影響だったということでもある。世界そのものがウェルズの描いたビジョンのうちにあるのだ。

日本国憲法も、「核兵器による最終戦争を経ての世界平和」というビジョンを前提に持つ。つまり、この戦争を「最後の戦争」にしようとする意志の表明であった。日本の新憲法や戦後民主主義、平和主義は、核兵器の存在と不可分なセットで誕生した。

石原莞爾の戦後構想

ウェルズにやや似た考えを、日本人も唱えていた。石原莞爾の「世界最終戦論」である。ただしこちらは、勝ち抜き戦の決勝戦である最終戦争で超兵器を所有した国が勝利し、その一国が世界政府になるという筋書きだった。

その時に備えての第一歩が、満州国の建国だった。日満の統制経済と第二次産業革命によって生産力、経済力を増強し、軍備の充実、また東亜の思想的統一（八紘一宇）を果たし、一九七五年頃と予測していた欧米と東亜との決勝戦に備える計画だった。しかし太平洋戦争に突入し、計画は頓挫する。

敗戦後、石原は即座に日本の戦争放棄を主張する。石原の考えは、単純に言えば「超兵器による最終戦争を経ての世界平和」である。それは日蓮の終末論に依拠するビジョンでもあるから揺らぐことはない。広島・長崎への原爆投下は、この理論の確かさの証明だった。仏法にしたがい、正しい方が勝つ。中国は王道、米国は覇道、しかるに日本は無道だった。だから敗北した。負けたからには、潔く両手を挙げて勝者の軍門に降るのである。

武力を放棄するのは、原子爆弾が出現したからだ。それは戦争の歴史の終焉を意味していた。

人類文明の進歩が戦争の惨害をいよいよ増大するに反比例して、戦争の効果はますます減じて来る。即ち戦争は最早その意義を失おうとしている。万物は生々発育し、発育の終極に至って死滅する。一般文化と並行して整然たる進歩をとげて来た戦争術は、いまや発育の終点に近づいた。原子爆弾の出現を契機として、人類は我等の唱導してきた最終戦争に突入せんとしているのは、これがために外ならぬ。

最も暗き時は最も暁に近き時である。我等は今日、暗黒時代——敢て暗黒時代と言う——を突破して、やがて最も輝かしき恒久平和の時代を迎えるであろう。

そのときのために、新たに積み直すのだ。

「世界統一の前夜」である「最終戦争の時代」に入った今、「最終戦争に対する必勝態勢の整備は武力によるべきにあらずして、最高文化の建設にある」。日本が武力を捨て、国内資源だけでつつましく暮らし、最新科学を活用する新しい文化の姿を示すような国家になったなら、(日本ではなく)天皇の霊威のもとに八紘一宇が実現する。そして八紘一宇が正しいならば、他国から攻撃を受けても、神は神秘の力によって日本を助けるだろう。具体的には、なんらかの発明、また組織的軍備による援護があるはずだという(一九四五年「新日本の建設」、『石原莞爾選集7』たまいらぼ、一九八六年)。

このように国内資源だけでつつましく暮らすことを主張した石原だが、原子力発電に期待を寄せてもいた。原子爆弾は「無限破壊」のエネルギーを放出する粗雑な使用法である。このエネルギーを精密使用、すなわち必要量をコントロールして使用することがまもなくできるだろうと予想し、それが「第二次産業革命」、さらには「恒久平和」を実現させると考えたのである。

各国は原子力の精密使用も全力を挙げて研究しているにちがいないから、原子力を駆使した無限生産は意外に早く成功するものと思ってよいであろう。かくて第二次産業革命は出現し、人類史は空前の転換を画することとなる。すなわち第二次産業革命は原子力を思うがままに活用することによって、人類は無限生産の夢を実現し、物資は空気や水の如く充足して、人類は自ら足ることを知り、従って領土や資源の侵略を全く必要としなくなり、戦争がこの地上から消え去ってしまう。かくして人類が永い永い間あこがれ求めてきた恒久平和がやがて訪れてくるであろう。(一九四七年「われらの世界観」『石原莞爾選集7』)

この文章を含む「われらの世界観」は、戦前の石原のマニフェスト「昭和維新論」の戦後版というべき「新日本建設大綱」の解説書として、石原のレクチャーのもとに国民党関係者が整理しまとめたものという。国民党は、石原の組織していた東亜連盟が占領軍によって解散させられた後で、運動に参加していた若者たちが結成した組織で、「新日本建設大綱」はその中心的指導書だった。

「新日本建設大綱」（『石原莞爾選集7』）では、原子力エネルギーを利用して資源の束縛から解放された人類は、資源争奪の戦争を必要とせずにこれまで通り都市文明の方向に突き進むことができるかもしれないが、そのような自然の征服は結局、人類を衰亡に導くとして、自然と一体の生活を送りつつ最高の科学文明を駆使する生活、「換言すれば自然に最もよく順応せんがために科学を最高に発揮すること」を理想とし、都市を解体し、国民皆農、農工一体の社会とすることを主張している。

じつにユートピア的なビジョンで、原子力による「無限生産」ができれば、破局的な戦争を経ずに「恒久平和」にいたりうると想定していた。

とはいえ、今は「暗黒時代」であり「最終戦争の時代」だ。

だから経済を自由化するのは間違いだと、石原は言う。大政翼賛会は失敗だったが、統制は歴史的な必然なのだ。「社会の全般を支配する力の発現形態は専制——自由——統制といわゆる弁証法的に進化して来たことは、人類発展の動かし難い事実であって、経済を支配する指導原理もこの例外であり得ない。『統制』へ突入した経済の指導原理が歴史の流れに逆行して『自由』に還ることはあり得ない」のである。実際、世界にはもう自由主義国家はない。石原は統制主義へ向かってきた国々の実例をあげ、それはアメリカにもおよんでいるという。

今やアメリカにおいても、政府の議会にたいする政治的比重がずっと加わり、最大の成長を遂げたる自由主義は、進んで驚くべき能率高き統制主義に進みつつある。国内におけるニュー・ディール、国際的にはマーシャル・プラン。更に最近に到っては全世界にわたる未開発地域援助方策等は、それ自身が大なる統制主義の発想に他ならぬ。その掲ぐるデモクラシーも、既にソ連の共産主義、ドイツのナチズムと同じきイデオロギー的色彩を帯びている。かくしてアメリカまた、ソ連と世界的に対抗しつつ、実質は統制主義国家に変貌し来ったのである。

専制から自由へ、自由から統制への歩みこそ、近代社会の発展において否定すべからざる世界共通の傾向ということができる。(「われらの世界観」)。

世界がこのような趨勢であるなかで、過ぎ去った自由経済の時代に戻ることはできないと、石原は主張した。なにしろ最終戦争の時代なのだ。合理性、生産性を最大に保たねばならない。

だからといって戦時中の体制に戻せということではなかった。戦時中の統制は専制へ後退していたとして、革新官僚を批判するのである。いきすぎた統制は専制となる。たとえば電力を統制するのは間違いだと、石原は考えていた。

石原は、アメリカが自由の国と言い離されていた時代に、アメリカをふくむ世界の国々が統制社会へ向かっていると理解していた。今が「最終戦争の時代」だとは、敗戦はしたが、終戦は訪れていないということだ。ひどくユートピア的に感じられる新社会ビジョンも、その緊張感と一体のサバイバルを賭した理想論だったのだと思われる。

満州人脈と戦後社会

石原が建国した満州で指導者として活動した人々の多くは、戦後の日本で官僚、政治家、実業家、技術者として重要な地位につき、満州での経験を生かし、満州での計画を再現するかのように日本の舵取りをした。石原莞爾の盟友であった人物では、満州で官僚として計画経済を試行した星野直樹や岸信介、日産コンツェルン総帥の鮎川義介などだ。

岸信介は、満州での実業部次長としての実践経験を日本に持ち帰り、統制経済で総力戦を支えた。それは戦後にも続いた。諸分野で枢要な地位に就いていた数多くの満州人脈を生かし、また通産省に満州人脈から多くの人材を送り込んで、統制的な方針を強く打ち出していった。

それは石原ならば「専制への後退」とみなしたものかもしれない。核兵器の所有を合憲だと考えた岸の政策は、石原の戦後の考えとはあいいれないだろう。戦前のままに最終戦争に向けての準備を進めたものだった。

戦後世界は、「もう戦争はできない世界」ではなかった。「平和か絶滅かの二者択一」が日常的に続く冷戦の時代となり、ウェルズの提言した「戦争を終わらせるための戦争」の到来こそが、人々を脅かし続ける悪夢となった。一九五〇年の東京大学の卒業式で南原繁総長が「原子爆弾や水素爆弾の近代科学の粋を集めた世界の次の総力戦は、おそらく有史以来の大戦、全人類の運命を賭けてのものと想像せられる」と語った（「世界の破局的危機と日本の使命」『世界』五月号）のは象徴的だろう。

黒澤明監督の映画『生きものの記録』（一九五五年）では、三船敏郎が演じた老人が日々に核の恐怖に怯えている。周囲はそれを異常者のごとくあしらうが、映画はむしろ怯えているほうが正気なのではないかと問いかけ、この世界そのものの異常性を浮き立たせた。いま観ると原発事故について起こっていることを連想せずにいられない。

「最終戦争の時代」は、総力戦的な社会システムを必要とさせた。原発は、この悪夢に対応する存在だった。建設を急いだのは、その対応を急いだのだとも言えるかもしれない。国内の政界、財界、労働界がみな冷戦構造という「安定」にいたるのは、一九六〇年の日米安保改定によってだろう。それを五五年体制の完成とみてもいいかもしれない。原子力発電を導入することは、さまざまな組織を結集させ、この体制の形成を促進した。原発の存在は否応なく統制を必要としたが、それも最終戦争に備える時代にはふさわしかった。原発は五五年体制と一体だった。

核爆発から生まれた戦後社会は、核への恐怖を「平和利用」で克服しようとしたが、今はその「平和利用」の恐怖が日常を侵食している。敗戦はしたが、終戦はしていない。

あとがき

電気が、エネルギーとして、また情報の媒体として大量に利用され、社会を大きく変えてきたことは言うまでもない。それは電気を使用した結果としてだが、それ以前の段階でも、今日の電力事業の基礎をなす供給体制ができるまでのドタバタが、政治や経済の戦後的な「安定」、すなわち五五年体制の成立にいたるプロセスと絡みあって、その成り行きを推し進める役を果たしていた。つまり戦後社会を作ったと言っても過言ではない。

むろん電力は、数多いファクターのうちの一つにすぎない。しかし冷戦構造を、日本がその構造に組み込まれたというような自明の前提として見ないで、（従属的な立場からであれ）冷戦構造を形成していくプロセスをともにした一員として日本を見るとき、その形成にとって電力事業の体制確立は小さな要素ではなかった。言い換えれば、電力事業史から視ると敗戦から冷戦の時代に向かいあうまでの戦後社会の動きがよく見えるということだ。

あらゆる領域で代理戦争のようなイデオロギーの陣取り合戦が繰り広げられ、電力業界もその戦場だったが、さらに政党間や政党内の権力抗争、利権の争奪、官民の対抗意識、個人的な野心の衝突など、さまざまな利得や理念の対立が絡みあいながら、今日の電力供給体制の基礎ができあがっていった。原子力発電は、高まる電力需要に応えるためとか、潜在的核武装をもくろんだとかいった単純な理由からでなく、さまざまな立場からの欲望を折々に吸収しつつ、冷戦構造の完成へと向かう潮流に流されるように、また同時にその潮流を強める働きをしながら、建設にいたった。

このような電力業界の動きが政界や経済界の動きと重なるのは、当然と言えば当然ではある。ただ、その接点の多くが、政治の暗部にあった。その暗部をふくめて見ないと、戦後史のダイナミズムは浮かび上がりにくい。むろん暗部についての情報にはデマも多いが、デマも情報戦の銃弾として歴史を左右してきた。虚実ないまぜになった仮象の「現実」が、社会を動かす圧力の源になる。事実の暴露であれデマであれ、政治スキャンダルの多い時代は変動を迎えるときなのだろう。

敗戦後に諸勢力が絡みあい、せめぎあいしてできあがったのは、電力事業に顕著に見られる、統制的なシステム社会だった。戦後的な総力戦体制である。その体制は、翼賛的、修養的な意味あいにアレンジされた「民主主義」によって支えられた。この「民主主義」では、システムへの妥協を拒絶する加藤金次郎のような者は否定される。そして「和」がもたらされる。総力戦体制下の「道徳」として機能する「和の民主主義」は、今日いっそう強力になっているようだ。もっとも「民主主義」という看板は陳腐化して魅力を失い、復古的、翼賛会的な「道徳」があらわに謳われるようになってきた。日本会議などのことだが、じつはその復古的と見える「道徳」もまた表向きの看板で、一見は正反対のような新自由主義的な価値観でアレンジされているのではないだろうか。「自己責任論」の類である。その価値観を打ち出すために、復古的な「道徳」が利用されているのだろう。

「冷戦以後」と区分される時代になってから、日本社会も大きく変わった。統制的なシステムを解体するかのような主張とともに規制緩和が進められたが、統制はむしろより専制へと後退し、実際に壊されたのは人倫であり、社会だった。復古的な「道徳」が利用され、また受容されやすくなったのは、そのためだろう。

「新冷戦時代」という(名称が適切かどうかはさておき)、新しい時代に入ったらしき現在、社会はさらに大きく変わっていくはずだ。成り行きはいかにあれ、どう変わるのがいいかと考えないではいられないが、これまでの日本社会についての認識によっても論は左右される。戦前、戦中だけでなく、戦後史についての認識もより重要になってくるだろう。電力、電化の歴史は、中心とは言えずとも、比重の大きな課題だと思う。いや、原子力発電のことを思えば、中心とすべき課題だろう。

以前に日本の電力事業の始まりから敗戦までをあつかった『電気は誰のものか——電気の事件史』(晶文社、二〇一五年)を書き終えたとき、すぐに戦後編を書きたいと思った。すぐに書けると思った。担当していただいた足立恵美さんには、もうすぐ完成しますと何度も言っては、嘘になった。そのたび書き改め、とうとう敗戦から現代までを書くつもりだった当初の構想とはだいぶ違う内容になってしまった。その間に、足立さんは亜紀書房に移られたが、辛抱強く継続して引き受けてくださった。お詫びと感謝を申し上げたい。

二〇一九年九月

田中 聡

参考文献一覧

・『電力百年史』小竹即一編、政経社、一九八〇年
・『日本発送電社史』日本発送電解散記念事業委員会編、一九五四年
・『東京電力三十年史』東京電力社史編集委員会編、東京電力、一九八三年
・『電発30年史』電源開発、一九八四年
・『新聞集成昭和編年史』明治大正昭和新聞研究会編集制作、新聞資料出版、二〇〇七年
・『福島市資料叢書　第四九輯　新聞資料集　昭和の福島Ⅵ』福島市史編纂委員会編、福島市教育委員会、一九八五年
・『八月十五日と私』ＮＥＴテレビ社会教養部編、社会思想社現代教養文庫、一九六五年
・『東京焼盡』内田百閒、中公文庫、一九七八年
・『終戦日記』大佛次郎、文春文庫、二〇〇七年
・『玄米の味』澤瀉久孝、新日本図書、一九四六年
・『死網の中に十字架』日本水力工業株式会社編刊、一九五二年
・『人道』一九五九年四月号、日本人道擁護会
・『受難に立って』加藤金次郎、福井友三郎、一九五六年
・『岩淵辰雄追想録』同刊行会、一九八一年
・『今昔』長崎正間、北日本新聞社、一九五九年
・「加藤金次郎翁と庄川について」澤田純三（『近代史研究』第十八号、一九九五年）
・『中国人強制連行』杉原達、岩波新書、二〇〇二年
・「木曽谷隧道――隠され続けた俘虜殺戮」（朝倉喬二（『中国人は日本で何をされたか』平岡正明編著、潮出版社、一九七三年）
・「電力再編成の憶い出」松永安左ェ門（『松永安左ェ門著作集　第四巻』五月書房、一九八三年）
・『この自由党！』板垣進助、晩聲社、一九七六年
・『戦後疑獄』室伏哲郎、潮新書、一九六八年
・『特捜検察』魚住昭、岩波新書、一九九七年
・『日本の右翼』猪野健治、ちくま文庫、二〇〇五年
・『吉田茂＝マッカーサー往復書簡集』袖井林二郎編訳、講談社学術文庫、二〇一二年
・『公営電気復元運動史』公営電気復元運動史編集委員会編、公営電気復元県都市協議会、一九六九年
・『総力戦体制』山之内靖、伊豫谷登士翁・成田龍

一・岩崎稔編、ちくま学芸文庫、二〇一五年
・『松永安左ェ門の生涯』小島直記（『小島直記伝記文学全集第七巻』中央公論社、一九八七年）
・『興亡』大谷健、白桃書房、一九八四年
・『地域自治会の研究』鳥越皓之、ミネルヴァ書房、一九九四年
・『「一票差」の人生』佐々木良作、朝日新聞社、一九八九年
・「吉田総理を偉いと思ったこと」水田三喜男（『回想十年』吉田茂　中公文庫　一九九八年）
・『聞書 電産の群像 電産十月闘争・レッドパージ・電産五二年争議』河西宏祐、平原社、一九九二年
・『開発主義の構造と心性』町村敬志、御茶の水書房、二〇一一年
・『高碕達之助集』東洋製缶、一九六五年
・『建設の話　第四号　国土総合開発への道』建設大臣官房弘報課、一九五一年
・『国土の改造』大谷省三、岩波書店、一九五三年
・『国土開発の構想』田中義一、東洋経済新報社、一九五二年
・『TVA――民主主義は進展する』D・E・リリエンソール、和田小六訳、岩波書店、一九四九年
・『TVA――総合開発の歴史的実験』D・E・リリエンソール、和田小六・和田昭允訳、岩波書店、一九七九年
・『国土の総合開発』安藝皎一、岩崎書店、一九五二年
・『日産の創業者　鮎川義介』宇田川勝、吉川弘文館、二〇一七年
・『鮎川義介と経済的国際主義』井口治夫、名古屋大学出版会、二〇一二年
・『佐久間ダム』長谷部成美、東洋書館、一九五六年
・『日本の電力』成沢清美、三一新書、一九五六年
・「佐久間ダム騒動の裏面を衝く!!」湯藤正人（『新日本経済』二十巻七号、一九五六年）
・「佐久間ダムと電発の御家騒動」島村一（『東邦経済』二十六巻七号、一九五六年）
・『金環蝕』石川達三、新潮文庫、一九七四年
・『リリエンソール日記　3』末田守・今井隆吉訳、みすず書房、一九六九年
・『岐路にたつ原子力』D・E・リリエンソール、西堀栄三郎監訳、古川和男訳、日本生産性本部、一

九八一年
・『ビッグ・ビジネス』D・E・リリエンソール、永山武夫・伊東克己訳、ダイヤモンド社、一九五六年
・『原爆から生き残る道』D・E・リリエンソール、鹿島守之助訳、鹿島研究所出版会、一九六五年
・『鹿島守之助』鹿島建設編、鹿島出版会、一九七七年
・『一九五〇年八月二六日――電産レッド・パージ三〇周年記念文集』東京八・二六会、一九八三年
・『発電所のレッドパージ――電産・猪苗代分会』福島県民衆史研究会、光陽出版社、二〇〇一年
・『占領戦後史』竹前栄治、岩波現代文庫、二〇〇二年
・『不滅の炬火をかざして――東北電労十年史』東北電労、一九六〇年
・『検証 レッド・パージ』益子純一編著・益子良一補遺編 光陽出版社、一九九五年
・『福島県労働運動史 戦後編 第三巻』福島県、一九七三年
・『私の見たる東電労働運動概略史』矢ヶ崎静馬、一九三四年
・『五・一五事件』保阪正康、中公文庫、二〇〇九年
・『戦後労働改革』竹前栄治、東京大学出版会、一九八二年
・『電産の興亡（一九四六年〜一九五六年）』河西宏祐、早稲田大学出版部、二〇〇七年
・『私の履歴書 経済人13』日経新聞社、一九八〇年
・『しみだらけの人生』倉田主税、日立印刷㈱出版センター、一九八二年
・『田中清玄自伝』インタビュー大須賀瑞夫、文藝春秋、一九九三年
・『ザ・コールデスト・ウインター 朝鮮戦争』ディヴィッド・ハルバースタム、山田耕介・山田侑平訳、文藝春秋、二〇〇九年
・『朝鮮戦争の謎と真実』A・V・トルクノフ、下斗米伸夫・金成浩訳、草思社、二〇〇一年
・『朝鮮戦争』萩原遼、文春文庫、一九九七年
・『評伝 田中清玄』大須賀瑞夫、倉重篤郎編、勉誠出版、二〇一七年
・『唐牛伝』佐野眞一、小学館文庫、二〇一八年
・『日本の地下人脈 戦後をつくった陰の男たち』

岩川隆、祥伝社文庫、二〇〇七年
•『中曽根康弘研究――ロッキード疑惑にどう答えるか』山本英典・内中偉雄、エール出版社 一九七六年
•『増補改訂版 日本の進路を決めた10年――国境を超えた平和への架け橋』バズル・エントウィッスル、藤田幸久訳、ジャパンタイムズ、二〇一六年
•『軍隊なき占領』ジョン・G・ロバーツ＋グレン・デイビス、森山尚美訳、講談社＋α文庫、二〇〇三年
•『道徳の再武装――木童子随筆集』木村行蔵、独立評論社、一九五三年
•『原爆市長』浜中信三、シフトプロジェクト、二〇一一年
•『平沼騏一郎と近代日本』萩原淳、京都大学学術出版会、二〇一六年
•『修養団三十年史』修養団編集部編、修養団、一九三六年
•『政治と人生』中曽根康弘 講談社、一九九二年
•『天地有情』中曽根康弘、文藝春秋、一九九六年
•『緒方竹虎とCIA』吉田則昭、平凡社新書、二〇一二年
•『深層海流・現代官僚論』松本清張（『松本清張全集31』文藝春秋、一九七三年）
•『内閣調査室秘録』志垣民郎著、岸俊光編、文春新書、二〇一九年
•「電源防衛」江口渙（『江口渙自選作品集 第三巻』新日本出版社、一九七三年）
•『日米「密約」外交と人民のたたかい――米解禁文書から見る安保体制の裏側』新原昭治、新日本出版社、二〇一一年
•『汚職の構造』室伏哲郎、岩波新書、一九八一年
•『日本共産党史』田川和夫、現代思潮社、一九六五年
•『戦後日本共産党史』小山弘健、芳賀書店、一九六六年
•『巨怪伝』佐野眞一、文藝春秋、一九九四年
•『原子力発電所の安全性に関する解説 第一集――コールダーホール改良型原子力発電所は安全である』日本原子力産業会議、一九五九年
•『原子力政策研究会１００時間の極秘音源――

メルトダウンへの道』NHK・ETV特集取材班、新潮文庫、二〇一六年
・『私の悲願』正力松太郎、オリオン社、一九六五年
・『戦後マスコミ回遊記』柴田秀利、中公文庫、一九九五年
・『日本の核開発1939〜1955』山崎正勝、績文堂出版、二〇一一年
・「橋本清之助遺稿」奥健太郎『法学研究』七八巻十号、二〇〇五年
・『日本電力戦争』山岡淳一郎、草思社、二〇一五年
・『後藤文夫』中村宗悦、日本経済評論社、二〇〇八年
・『技術官僚の政治参画』大淀昇一、中公新書、一九九七年
・『原発と原爆』有馬哲夫、文春新書、二〇一二年
・『電気機器』岸幸喜、有斐閣、一九六〇年
・『東電グラフ』一九五七年一月号、一九五三年十二月号
・『生存への契約』田原総一朗、文藝春秋、一九八一年
・『新版　原子力の社会史』吉岡斉、朝日新聞出版、二〇一一年
・『日本電力業発展のダイナミズム』橘川武郎、名古屋大学出版会、二〇〇四年
・『産業計画会議第十四次レコメンデーション原子力発電に提言』一九六五年（電力中央研究所ホームページより https://criepi.denken.or.jp/intro/matsunaga/recom/recom_14.pdf)
・『日米同盟の政治史』池田慎太郎、国際書院、二〇〇四年
・『原子力と平和利用』松浦悦之編　原子力平和利用振興会、一九五八年
・『解放された世界』H・G・ウェルズ、浜野輝訳、岩波文庫、一九九七年
・『ホモ・サピエンス　将来の展望（合本版）』H・G・ウェルズ、浜野輝訳、新思索社、二〇〇六年
・『石原莞爾選集7』石原莞爾、たまいらぼ、一九八六年
・「世界の破局的危機と日本の使命」南原繁（『世界』一九五〇年五月号）
・『富山市博物館だより』49号　二〇一三年二十八日号　https://www.city.toyama.jp/etc/muse/tayori/tayori49/tayori49.htm

田中聡　たなか・さとし
一九六二年富山県生まれ。
富山大学人文学部卒業。
同大学文学専攻科修了。
膨大な資料をもとに、思わぬ角度から
歴史に埋もれた事象を掘り起こす
ノンフィクションを数多く著している。
著書に、『陰謀論の正体！』（幻冬舎新書）、
『明治維新の「嘘」を見破るブックガイド』（河出書房新社）、
『電気は誰のものか』（晶文社）などがある。

電源防衛戦争——電力をめぐる戦後史

二〇一九年十月七日　第一版第一刷発行

著者　田中聡

発行所　株式会社亜紀書房
郵便番号　一〇一－〇〇五一
東京都千代田区神田神保町一－三二
電話　〇三－五二八〇－〇二六一（代表）
　　　〇三－五二八〇－〇二六九（編集）
http://www.akishobo.com/
振替　〇〇一〇〇－九－一四四〇三七

装丁　寄藤文平＋古屋郁美（文平銀座）

印刷・製本　株式会社トライ
http://www.try-sky.com/

978-4-7505-1617-2　C0021